Martin Limbeck
Limbeck Laws

Inhalt

Sei dein eigener Markenbotschafter

Vorwort

»Ich bin Verkäufer und ich möchte Ihnen etwas verkaufen.«

Wenn eine Sache Martin auszeichnet, dann seine Hartnäckigkeit. Das war schon von Anfang an so. Wir sind eine bodenständige Familie aus dem Kohlenpott. Wir sind gut klargekommen, Reichtum war für uns jedoch nie ein Thema. Anders bei unserem Sohn Martin: Für ihn stand schon als Junge fest, dass er Millionär werden und unbedingt Porsche fahren möchte – auch wenn er noch nicht wusste, wie er das anstellen soll. Er hatte schon damals einen unglaublichen Drang, Neues auszuprobieren. Für die Schule galt das leider nicht, diese Beziehung gestaltete sich eher problematisch. Martin war beileibe kein Musterschüler, aber wir kennen trotzdem niemanden, der so gerne lernt. Ständig besucht er Seminare und seine Neugier auf neues Wissen und neue Erfahrungen ist immens. Dabei geht es oft ums Verkaufen, um Neue Medien, aber auch um NLP oder richtig spirituelle Erfahrungen. Sein Auto ist eine fahrbare Bibliothek; wo sich in jungen Jahren Kassetten und leere Dosen stapelten, finden sich heute jede Menge Hörbücher zu allen möglichen Themen.

Nach der Lehre stand für ihn fest, welcher Beruf ihn zum Millionär machen sollte: Martin wollte Verkäufer werden. Und nichts anderes. Natürlich haben wir ihm den guten Rat gegeben, es auch woanders zu versuchen – denn erst mal folgte eine Absage nach der nächsten. Doch Martin ließ sich nicht beirren. Rückblickend gesehen hat er damit einen entscheidenden Grundstein für seinen Erfolg gelegt. Selbst wenn es mal nicht so gut lief, hat er nie aufgegeben, sondern es immer wieder probiert. Und das wurde belohnt – schließlich kam die Zusage für seinen ersten Job als Verkäufer in der Kopiererbranche. Damals war das noch ein Riesen-Business, gleichzeitig jedoch auch ein umkämpfter Markt, auf dem ordentlich Wettbewerb herrschte. Für uns war eins klar: Wenn unser Junge lernt, Kopierer zu verkaufen – dann kann er hinterher alles verkaufen. Und genauso kam es auch …

Sollten wir Martin in drei Worten beschreiben, wären es folgende: fokussiert, zielorientiert und entschlossen. Diese Eigenschaften hat er schon in jungen Jahren an den Tag gelegt. Als er sich als Teenager in den Kopf gesetzt hatte, für ein Jahr in die USA zu gehen, ließ er nicht locker. Mit uns, mit seiner Großmutter, mit dem zuständigen Lehrer – Martin führte unermüdlich ein Akquisegespräch nach dem nächsten, bis er alles unter Dach und Fach hatte. Unübersehbar, dass ein großer Verkäufer in ihm steckte. »Zum Abschluss kommen« war schon immer ein wichtiges Thema für ihn.

Im Laufe der letzten 25 Jahre haben wir viele Speaker, Trainer und Berater durch ihn kennengelernt – doch keiner lebt so sehr das, was er lehrt, wie Martin. Nicht nur im Umgang mit Kunden und Geschäftspartnern hat er stets ein offenes Ohr für alles, genauso geht er auch mit seinen Freunden um. Er denkt an jeden Geburtstag, lässt keinen Kontakt schleifen und Pünktlichkeit ist bei ihm eine Selbstverständlichkeit.

Wir stehen bei allen Vorhaben voll hinter unserem Sohn, auf uns kann er sich immer verlassen. Gerade auch dann, wenn es mal nicht so gut läuft oder der Gegenwind besonders stark ist. Martin polarisiert – für uns nichts Neues, doch es gibt immer wieder Menschen, die sich daran stoßen. Er sagt offen und frei heraus, was er denkt. Ehrlichkeit ist eine Tugend, mit der viele nicht so leicht umgehen können. Und ihm haftet immer noch der Ruf an, dass er DER »Hardseller« schlechthin sei – dabei hat er sich in vielerlei Hinsicht weiterentwickelt. Gerade durch sein direktes und oft auch provokantes Auftreten wird er schnell in eine Ecke gedrängt, in die er eigentlich gar nicht passt. Doch ein markantes Kinn und ein paar freche Sprüche führen schnell zu falschen Schlüssen – genauso wie er als Kind auf dem Campingplatz immer der Erste war, dem ein Streich angehängt wurde.

Harte Schale, weicher Kern trifft es aus unserer Sicht viel besser. Denn Martin ist nicht nur der knallharte Geschäftsmann, den viele in ihm sehen. In unserem Freundes- und Bekanntenkreis gibt es niemanden, der so eine gute und wertschätzende Beziehung mit seinen Kindern hat wie wir zu unserem Sohn. Schon alleine die Tatsache, dass er uns gebeten hat, dieses Vorwort zu schreiben, zeigt, wie eng wir miteinander verbunden sind. Für uns war das eine echte Überraschung, wir sind sehr gerührt über diese einmalige Idee. Obwohl er ständig in der Weltgeschichte unterwegs ist, findet er immer wieder Zeit, uns zu besuchen und auch den traditionellen jährlichen Urlaub mit uns zu verbringen. Während andere versuchen, möglichst viel Distanz zu ihrem Elternhaus aufzubauen, hat Martin das genaue Gegenteil gemacht: Er hat seit Jahren ein Ferienhaus an dem See, an dem wir wohnen. Wir sind unendlich dankbar für dieses enge und freundschaftliche Verhältnis, das uns in so vielen Dingen bereichert. So ist er zum Beispiel in technischen Dingen immer ganz vorn mit dabei, wie jetzt mit seiner neuen Online-Akademie. Seiner Unermüdlichkeit und Begeisterung ist es zu verdanken, dass wir in unserem Alter bei Facebook angemeldet sind und uns gegenseitig Videos schicken.

Im Jahr 2005 ist sein erstes Buch erschienen. Wenn wir heute zurückblicken, hat sich Martin in den vergangenen zehn Jahren unglaublich weiterentwickelt – als Autor, als Verkäufer, als Geschäftsmann und als Mensch. Inzwischen sind sogar zwei seiner Bücher in Amerika erschienen – für Martin war das jahrelang ein großer Traum, der jetzt wahr geworden ist. Wir bewundern seinen starken Willen, immer noch einen Funken besser zu werden in dem, was er tut. Und es ist absolut fantastisch, was er aus seinem Leben gemacht hat. Unserer Generation war so etwas nicht möglich – umso stolzer sind wir darauf, dass Martin sich seine eigenen Regeln gemacht hat. Einige davon wie Ehrlichkeit, Pünktlichkeit und Wertschätzung haben wir ihm schon von klein auf mitgegeben. 111 davon halten Sie jetzt in den Händen: Wir wünschen Ihnen viel Freude bei der Lektüre von »Limbeck Laws«!

Geli und Alois Limbeck

Verkaufen ist verkaufen und sonst nichts

1. Verkaufen heißt verkaufen

Kennen Sie den? Zahnpasta-Lächeln. Cartier-Wässerchen. Boss-Anzug, mindestens 600 Euro. Aktentasche von The Bridge, italienische Schuhe. So ein Verkäufer zeigt Stil. Aber ist er deshalb tatsächlich ein Verkäufer?

Keine Frage: Ein stimmiges Outfit und ein freundliches, gewinnendes Auftreten gehören dazu, um als Verkäufer beim Kunden zu punkten. Und selbstverständlich auch das souveräne Beherrschen von Akquisetechniken, Bedarfsermittlung, Angebotspräsentation, Einwandbehandlung, Abschlusstechniken und After-Sales-Service.

Alles schön und gut. Alles wichtig. Alles mit Berechtigung. Aber es ist nichts wert, wenn Sie sich als Verkäufer nicht auf das Ziel Ihrer Tätigkeit konzentrieren: das Verkaufen. Topverkäufer zeichnet aus, dass sie in keiner Gesprächssituation vergessen, warum sie mit ihrem Kunden telefonieren, warum sie Hunderte von Kilometern zu ihm fahren, warum sie in seinem Büro sitzen, warum sie aufwendige Angebote schreiben: weil sie verkaufen wollen.

Outfit, Auftreten, Verkaufs- und Gesprächstechniken sind nur notwendige Voraussetzungen, um dieses Ziel zu erreichen. Mittel zum Zweck. Und was ist das Ziel des Verkaufens? Richtig: der Abschluss – sofort, bei jeder Gelegenheit, jetzt, nicht später! Denn nur der Abschluss bringt dem Unternehmen Umsatz und dem Verkäufer seine Provision.

Apropos: Zum Verkaufen gehört auch die richtige Einstellung zum Thema »Geld«. Stellen Sie sich mal Folgendes vor: Sie sitzen im Kundengespräch, Ihr Kunde spricht, aber Sie hören nicht wirklich, was er sagt. Denn Sie denken gerade nur an Ihre Provision. Was passiert?

Dollarzeichen treten in Ihre Augen. Und die sieht Ihr Kunde, garantiert. Und ein Kunde, der die Dollarzeichen in den Augen eines Verkäufers sieht, verabschiedet sich mit einem »Ich melde mich wieder bei Ihnen«. Als Verkäufer wissen Sie ganz genau, was das bedeutet: Dieser Kunde will schnell die Biege machen und wird weitere Kontaktversuche hartnäckig ignorieren.

Gier ist der schlechteste Berater, den Sie sich als Verkäufer vorstellen können. Denn Verkaufserfolg bedeutet mitnichten eine dicke Provisionsabrechnung. Erfolgreiche Verkäufer haben das verinnerlicht: verkaufen, ohne ans Geld zu denken. Denn vor der Provision kommt der Abschluss. Ihre Provision ist nur die Folge eines erfolgreichen Abschlusses. Denkt etwa ein Stürmer, der allein auf das Tor der gegnerischen Mannschaft zuläuft und nur noch den Torwart überwinden muss, in diesem Moment an die Prämie, die ihm winkt? Nein. Er denkt nur ans Gewinnen, an den Tor-Abschluss.

Den Abschluss konsequent zu suchen, ist kein Freifahrtschein für Kundenabzocke. Das heißt nicht, dass ein Verkäufer seinen Kunden über den Tisch zieht – ganz im Gegenteil: Auf der Basis einer sauberen Bedarfsanalyse präsentiert er seinem Kunden ein optimales Angebot, das ganz individuell auf diesen zugeschnitten ist. Das ist eine Situation für Kunden und Verkäufer, wie sie besser nicht sein kann: Der Kunde bekommt die beste Lösung für sein Problem. Und der Topverkäufer den Abschluss, der ihm das Gefühl gibt, seinem Kunden etwas Gutes getan zu haben und dafür eine angemessene Provision zu erhalten.

 **So geht die Formel für Topverkäufer:**
Verkaufen = Verkaufen = Abschluss suchen
= begeisterter Kunde = Provision

2. Verkäufer wollen verkaufen

»Guten Tag, ich bin Verkäufer und will Ihnen etwas verkaufen.«

Ist doch selbstverständlich, sagen Sie? Eine Binsenweisheit? Klar wie das Retina-Display Ihres iPhones? Mehr als ein Schulterzucken haben Sie dafür nicht übrig? Sie wollen weiterblättern, denn was gibt's dazu schon zu sagen?

Eine ganze Menge! Zunächst einmal: Diese offensichtliche Selbstverständlichkeit kommt nur wenigen Verkäufern über die Lippen. Stattdessen klingt dieser Satz für viele Kollegen nach verbaler Körperverletzung, so, als würden sie ihrem Kunden damit eins auf die Rübe geben. Daher scheuen sie sich, diese Wahrheit gelassen und selbstbewusst auszusprechen. Sie drucksen herum, winden sich, nur um nicht klar formulieren zu müssen, was ihr Kunde doch ohnehin weiß.

Und was kommt bei diesem Rumgeeiere heraus? Rhetorische Hohlfloskeln wie »Ich möchte Sie beraten ...«, »Ich möchte Sie über ... informieren« oder »Ich möchte Ihnen nur kurz unser Angebot vorstellen«. Und Berufsbezeichnungen wie »Vertriebsrepräsentant«, »Key-Account-Manager«, »Verkaufsdirektor«, »Kundenbetreuer«, »Gebietsverkaufsleiter« und andere Hilfskonstruktionen. Erstaunlich, welche Kreativität, Innovationskraft und sprachliche Finesse manche Kollegen – und ihre Vorgesetzten und Unternehmen – entwickeln, um das Naheliegende auf Teufel komm raus zu vermeiden. Warum stecken sie diese Energie nicht in die kundengerechte Vorbereitung und Durchführung professioneller Verkaufsgespräche?

Und was denkt die wichtigste Person, wenn das Verkaufsgespräch so beginnt? Die Person, auf die es letztlich ankommt, der Kunde? Natürlich ist das Erste, was dem Kunden durch den Kopf schießt:

»Seltsam, ein Verkäufer, der nichts verkaufen will?« Im besten Fall nimmt der Kunde die »Informationsveranstaltung« mit, um sich ein Bild vom Angebot des »Kundenberaters« zu machen, aber ohne einen Hauch von Verbindlichkeit. Im zweitbesten Fall sagt er sich: »Prima, das schau ich mir an – und kaufe dann beim Wettbewerber.« Im schlimmsten Fall wimmelt er den Verkäufer sofort ab – ob am Telefon oder im persönlichen Gespräch.

LAW 2

Auch wenn das jetzt paradox klingt: Das Beste, was so einem Verkäufer passieren kann, ist, auf einen Kunden zu treffen, der ihm auf den Kopf zusagt, was er von ihm hält: dass der Verkäufer unaufrichtig ist, dass es ihm an Authentizität und Glaubwürdigkeit mangelt und dass er, der Kunde, ihn, den Verkäufer, einfach nicht ernst nehmen kann.

Im Verkauf fehlen heute echte Typen, Originale mit Ecken und Kanten, die den Mumm und das Selbstbewusstsein haben, zu ihrem Job zu stehen, ihn mit Stolz zu verkörpern. Die ihren Kunden auf Augenhöhe begegnen, die auch vor großen Tieren in großen Unternehmen nicht den Schwanz einziehen, sondern die Stärke haben, gezielt den Abschluss zu suchen, ohne den Kunden und die gute Beziehung zu ihm aus dem Auge zu verlieren. Die, ohne mit der Wimper zu zucken, mit fester Stimme und dem Brustton der Überzeugung sagen: »Ich bin Verkäufer und will Ihnen etwas verkaufen.«

Schließlich ist das sein Beruf. Damit verdient er seine Brötchen. Damit ernährt er seine Familie. Aber Verkäufer zu sein, ist darüber hinaus Berufung, denn das bedeutet, mit Leidenschaft und Hingabe zu verkaufen. So einem Verkäufer begegnet der Kunde mit Respekt, denn er achtet ihn als ehrlichen und fairen Geschäftspartner, der seinen Job genauso gut machen will wie er selbst.

3. Keiner wird als Verkäufer geboren

Kennen Sie diesen Spruch: »Als Verkäufer wirst du geboren. Entweder du kannst es oder du kannst es nicht«?

Waren Sie sich bisher nicht sicher, ob Sie dieser »Weisheit« Glauben schenken sollen, dann ist spätestens jetzt der Moment gekommen, um diesen Mythos in die Tonne zu kloppen. Um es mal deutlich zu formulieren und unmissverständlich auf den Punkt zu bringen: Als Verkäufer geboren sein zu müssen, um einen guten Job machen und vom Verkaufen leben zu können, das ist Bullshit.

Keine Frage: Verkaufen ist nicht eben leichter geworden. Das Internet hat Märkte transparenter gemacht, Produkte und Dienstleistungen sind für Kunden viel besser vergleichbar geworden. Die Nachfragemacht des Kunden nimmt zu, er ist anspruchsvoller geworden, er will individuell angesprochen werden mit seinen Wünschen und Bedürfnissen, er sucht sofort funktionierende Lösungen für sein Anliegen. Er hat kein Interesse an Me-too-Produkten und verlangt maßgeschneiderte Dienstleistungen.

Auch wenn es keine angeborene Fähigkeit ist – Verkaufen kann trainiert und gut vorbereitet werden: die angemessene Kundenansprache, das stilvolle Outfit, Verkaufsunterlagen, die diesen Namen verdienen, Bedarfsanalyse, Angebotspräsentation, Einwandbehandlung, Preisgespräch, Abschlusstechniken, After-Sales-Service. Die Grundausstattung eben, das Handwerkszeug des Verkaufens.

Was letztlich den Unterschied ausmacht zwischen mittelmäßigen und guten Verkäufern, ist: Die einen verkaufen, weil sie's gelernt haben, die anderen, weil sie's gelernt haben – und weil sie es WOLLEN.

Verkaufen wollen bedeutet, sich den anspruchsvollen Kunden und den Herausforderungen eines härteren Wettbewerbs zu stellen und die notwendigen Konsequenzen daraus zu ziehen, insbesondere, was die eigene Haltung betrifft.

LAW

3

Verkaufen wollen bedeutet, seinen Job mit Leidenschaft und Hingabe zu tun, Kunden nicht als Umsatzquelle zu betrachten, sondern als echte Partner, es nicht beim Beraten zu belassen, sondern den Kunden zu motivieren, eine Kaufentscheidung zu treffen, immer bereit zu sein, konsequent den Abschluss zu suchen.

Verkaufen wollen bedeutet, jeden Tag an seinem verkäuferischen Know-how zu arbeiten, sich auch nach Rückschlägen neu zu motivieren, sich weiterzubilden, immer wieder nach Benchmarks zu suchen, nach Leitbildern, um besser zu werden: im souveränen Auftreten, in den rhetorischen Fähigkeiten, in der persönlichen Ausstrahlung.

Verkaufen wollen bedeutet, sich immer neue Ziele zu suchen, nie stehen zu bleiben. Oder wie es Oliver Kahn einst sagte: »Weiter, immer weiter.« Es ist nicht die Frage, ob du dich verändern musst – die einzige Frage ist, ob du schnell genug dabei bist.

4. Verkaufen heißt nicht Kohle machen

Moneten, Knete, Pinkepinke, Zaster, Kies, Mäuse, Kröten, Kohle: Das sind nur ein paar umgangssprachliche Synonyme für Geld. Kaum ein anderes Wort im Deutschen hat so viele sinnverwandte Begriffe wie das, um das sich fast alles in unserer Welt dreht. Auch und gerade in unserer Welt, der des Verkäufers. Ohne Moos nix los, ohne Umsatz keine Provision.

Du willst richtig viel Schotter einsacken? Dann habe ich einen Tipp für dich: Einmalverkauf. Überrumple deinen Kunden und lanciere mit aggressiven Verkaufstechniken Produkte bei ihm, die er gar nicht braucht. Warum solltest du auch seine Wünsche und Bedürfnisse berücksichtigen? Er fühlt sich über den Tisch gezogen? So what? Geht dir doch am Allerwertesten vorbei.

Wer seinen Kunden als Kuh betrachtet und sich beim Verkaufen auf den Melkschemel setzt, denkt vor allem an seine Provision. Dann an sein Unternehmen, denn ohne Umsatz und Ertrag für das Unternehmen ja keine Provision. Und wenn dann ganz unten auf seiner Prio-Liste noch Platz ist, denkt er an guten Tagen eventuell auch an den Kunden und dessen Bedürfnisse. Aber wirklich nur, wenn der Rest passt.

Seinem Unternehmen gegenüber ist der Einmalverkäufer Marke »alter Hardseller« nur so lange loyal, wie seine Provision stimmt. Und da er ja seinen Kunden übers Ohr haut und seine Taktik der von Söldnern gleicht – verbrannte Erde hinterlassen –, ist ihm der Kunde herzlich wurscht. Loyalität gegenüber Kunden? Lästige, überflüssige Gefühlsduselei.

Wer umsatzgeil ist, wen die Gier dazu treibt, das Beste für sich selbst, aber nicht für den Kunden und das Unternehmen zu wollen, den hat das Geld fest im Griff. Geldgier führt zu Zerstörung von (Kunden-)Beziehungen und Vertrauen und letztlich auch zur Zerstörung der Selbstachtung, die ein guter Verkäufer braucht.

Denn Verkäufer, die ihren Kunden Honig ums Maul schmieren, um Umsatz zu machen, prostituieren sich. Sie verkaufen sich nicht an den Kunden, nicht an das Unternehmen, sondern an ihre Provision. Ihnen mangelt es an Respekt vor dem Kunden, vor den Kollegen im Verkaufsteam, vor ihren Führungskräften, vor dem Unternehmen, das ihnen Vertrauen schenkt, und letztlich an Respekt vor sich selbst. Wer den Markt als Wald betrachtet, der einfach abgeholzt werden kann, muss sich bewusst sein, dass das am Ende für ihn nicht gut ausgeht.

Gute Verkäufer tun das nicht, denn sie haben es nicht nötig. Gutes Verkaufen ist auf Nachhaltigkeit angelegt, auf eine langfristige Zusammenarbeit mit dem Kunden, ist stetes Geben und Nehmen im ausbalancierten Verhältnis. Gute Verkäufer bleiben beim Verkaufen ehrlich, gerade und direkt. Im Zentrum ihres Denkens stehen der Bedarf und die Bedürfnisse des Kunden. Das Ziel guter Verkäufer ist eine Situation, aus der sein Kunde und er selbst als Sieger hervorgehen: der Abschluss, der dem Kunden die beste Lösung liefert und eine dauerhafte Kundenbeziehung begründet. Diese Haltung sichert dem guten Verkäufer auf lange Sicht ein Vielfaches an Provision – mehr, als wenn er seinem Kunden einen Abschluss aufs Auge drückt, der nur kurzfristig eine Provision einbringt, langfristig aber einen schlechten Ruf.

Was du gibst, kommt zu dir zurück. Wer nur nimmt und nie gibt, wird nie erfolgreich sein.

5. Machst du deinen Kunden glücklich, stimmt deine Provision

Keine Frage: Geld ist eine wunderbare Sache, ist wirklich sympathisch, hat eine Menge Charme. Keiner, der das Verkaufen zu seinem Job macht, betrachtet Geld als etwas Schmutziges, für das er sich schämen müsste. Wer so denkt, läuft im Verkauf wie Falschgeld rum. (Sorry für den Kalauer, aber der passte gerade so gut ...)

Gute Verkäufer wollen auch gut leben von ihrem Job. Jeder, der sich für einen Vertriebsjob auf Provisionsbasis entschieden hat, will gutes Geld verdienen. Einverstanden?

Geld ist ein Tauschmittel. Hast du viel davon, kannst du viel davon tauschen. Ergo: Hat dein Kunde viel davon, kann er viel tauschen.

Sind wir hier bei Peter Lustig, denken Sie? Nein, denn jetzt kommt's: Wer beim Verkaufen Dollarzeichen in den Augen hat, wird nie ein guter und erfolgreicher Verkäufer. Denn wer seinen Verkaufsjob gut macht, bemisst seinen Erfolg nicht nach den Stellen vor dem Komma auf seiner Gehaltsabrechnung.

Erfolgreiche Verkäufer werden im Laufe der Jahre zunehmend entspannter, was ihre Prozente betrifft. Sie konzentrieren sich nicht auf die Höhe der Provision, obwohl ihr Lebensunterhalt von dieser Provision abhängt. Wie das denn? Eigentlich sollten doch gerade erfolgreiche Verkäufer beim Aushandeln ihres Provisionsanteils besonders genau hinschauen, oder? Tun sie auch. Ein Topverkäufer weiß, was er seinem Unternehmen wert ist. Da bleibt er sich als hartnäckiger Verhandlungspartner ganz treu: ehrlich, direkt, selbstbewusst.

Aber wenn er beim Kunden sitzt, dann spielt die Provisionshöhe keine Rolle. Gerade weil er verkauft, ohne dabei ans Geld zu denken, ist der Topverkäufer erfolgreich, denn er konzentriert sich darauf, dem Kunden das beste Angebot zu machen, individuell, maßgeschneidert, abgestimmt auf dessen Bedarf und Wünsche. Ohne Preisnachlässe, ohne vor dem Kunden zu kriechen, auf Augenhöhe, ohne den Kunden zu übervorteilen, ohne Tricks und falsche Versprechungen.

LAW

5

So entsteht eine langfristige Kundenbeziehung, so entsteht Vertrauen, und dieses Kundenvertrauen zahlt sich aus. In Form von Nachbestellungen, Folgeaufträgen, Cross- und Upselling. Da fließen die Provisionen ganz von selbst.

Machen Sie also nicht den Fehler und zücken Sie nach einem Abschluss das Smartphone oder den Taschenrechner, um die eigene Provision auszurechnen. Freuen Sie sich stattdessen, wieder einen Kunden glücklich gemacht zu haben, und konzentrieren Sie sich auf das nächste Verkaufsgespräch. Ihre Gehaltsabrechnung wird es Ihnen danken.

6. Verkäufer bist du immer und überall

Wenn du im Vorstellungsgespräch sitzt, weil du dich für einen neuen Job beworben hast, verkaufst du: dein Know-how, deine beruflichen Erfahrungen, deine individuellen und sozialen Kompetenzen und vor allem deine Persönlichkeit. Wenn du gut bist, überzeugst du deinen Gesprächspartner von diesem Angebot, weil es dir gelingt, ihm die treffenden Nutzenargumente zu liefern, warum du der Richtige – noch besser: der einzig Richtige – für den Job bist.

Abends dann genehmigst du dir an der Hotelbar noch einen Absacker, bevor du am nächsten Tag nach Hause fährst. Da erblicken deine Augen eine aufregende Blondine oder einen attraktiven Typen mit entwaffnendem Lächeln. Was passiert? Sozialakquise. Du schaltest in den Verkaufsmodus, denn du willst auch in dieser Situation deinen Gesprächspartner mit deinem Angebot beeindrucken: mit deinem Charme, deinem Stil, deinen Scherzen, deinen körperlichen Vorzügen – was auch immer du aufbietest, um die neue Bekanntschaft von dem Mehrwert zu überzeugen, den sie bekommt, wenn sie mit dir noch den Rest des Abends verbringt.

Das sind zwei Beispiele dafür, dass letztlich alles im Leben Verkauf ist. Wenn du verkaufen willst, kannst du immer und überall verkaufen. Es gibt keinen falschen Zeitpunkt, um einen Abschluss zu machen, denn der richtige Zeitpunkt ist immer derselbe: immer. Topverkäufer jedenfalls suchen ständig ihre Chance, um zu akquirieren und zu verkaufen, denn jeder Tag bietet viele Möglichkeiten dafür:

• Wenn ein Termin früher beendet ist als vorgesehen oder ärgerlicherweise komplett ausgefallen ist, dann bietet sich Ihnen hier die Chance zur Kaltakquise bei einem potenziellen Kunden in der Nähe. Oder nutzen Sie die unverhoffte Lücke, um weitere Termine telefonisch zu vereinbaren, statt sich erst einmal eine Kaffeepause zu gönnen.

- Fragen Sie einmal bei einer Weiterbildungsveranstaltung die anderen Seminarteilnehmer oder Ihren Verkaufstrainer, wie sie ihr Geld anlegen, mit welchem Mobilfunkanbieter sie telefonieren, wo sie ihre Anzüge kaufen.
- Oder fragen Sie doch Ihren Nachbarn mal, wie er sein Auto versichert.

Viele Verkäufer nutzen diese Chancen aber nicht, weil sie Angst vor dem Nein des Kunden haben. Einwände gehören aber zum Akquise- und Verkaufsgespräch wie der Topf auf den Deckel. Denn Nein heißt: noch ein Impuls nötig. Die Tatsache, dass sich Ihr Gesprächspartner die Zeit nimmt, um mit Ihnen zu reden, heißt ja nichts anderes als: »Ich bin interessiert.« Die Frage ist also nicht, ob es zu einem Abschluss kommt, sondern nur, wie und wann. Und da ist Ihre Hartnäckigkeit gefragt und natürlich Ihr Handwerkszeug: Angebotspräsentation, Einwandbehandlung, Preisgespräch, Abschlusstechniken.

Es gibt kaum Situationen in Ihrem Verkäuferalltag, in denen Sie nicht akquirieren und verkaufen können. Selbst ein Reklamationsgespräch eignet sich dafür, denn was signalisiert Ihr Kunde mit seiner Reklamation? Das hier: »Ich mag euch noch, nur helft mir!«

Verkaufen kannst du also jetzt und jederzeit und überall. Es werden heute mehr Abschlüsse verpennt als erfolgreich abgeschlossen, denn letztlich ist es immer eine Frage der Einstellung, hängt es von deiner Haltung ab: Willst du verkaufen? Und machst du es auch?

Der mittelmäßige Verkäufer sagt sich: »Mal sehen, wie es läuft.« Schlechte Verkäufer betteln: »Hoffentlich geht das gut.« Verkäufer, die im falschen Beruf gelandet sind, gehen ohnehin vom Schlechtesten aus: »Das wird sowieso nichts.« Die Überzeugung eines Topverkäufers ist: »Ich will verkaufen.«

7. Wer keine Dreamlist hat, hat auch keine Träume

Stellen Sie sich manchmal vor, wie Sie mit anscheinend unerreichbaren Kunden traumhafte Abschlüsse erzielen? Abschlüsse, die Ihnen Folge- und Zusatzaufträge über eine lange Zeit sichern? Die Ihnen eine tolle Reputation verschaffen, sodass Ihnen Ihr Ruf vorauseilt und Unternehmen ganz von selbst auf Sie zukommen? Die Ihnen die Bewunderung Ihrer Kollegen einbringen, die Hochachtung Ihrer Vorgesetzten? Und die Ihnen natürlich ein paar schöne Zahlen auf Ihre Kontoauszüge zaubern?

Eine Dreamlist ist eine Liste potenzieller Kunden, bei denen völlig ausgeschlossen erscheint, sie zu akquirieren. Unternehmen, die so groß und so wichtig sind, dass du als Verkäufer nur davon träumen kannst, sie zu deinen Kunden zu zählen. Egal, in welcher Branche du tätig bist: Hast du erst einmal eine solche Dreamlist erstellt, hast du auch deinen inneren Verkaufserfolgskompass geeicht. Denn dann kannst du mit diesem Kompass festlegen, in welche Richtung du marschieren willst.

Stapeln Sie bei Ihren Traumunternehmen nicht zu tief, denn wenn Sie keine ehrgeizigen Ziele ins Auge fassen, dann kapitulieren Sie gleich vor Ihrem eigenen Traum. Wer mittelmäßige Ziele hat, der ist durchschnittlich motiviert und bleibt unter seinen Möglichkeiten. Wenn Sie Ihre Grenzen nicht austesten, wissen Sie auch nicht, wo diese liegen, oder?

Ihr Ziel könnten zum Beispiel die wichtigsten Marken der Welt sein: Google, Apple, IBM, Microsoft und Coca-Cola. Oder die sieben größten deutschen Banken oder die Stadtverwaltungen der drei größten europäischen Städte. Oder alle MDAX-Unternehmen. Oder die größten europäischen Autohersteller. Oder ... Oder ... Oder ... Ausreden gibt's nicht. Jede Branche hat ihre Riesen, die das Traumziel jedes Verkäufers sind. Was sind Ihre Riesen?

Träumen Sie und glauben Sie daran, dass Sie eines Tages einen solchen Riesen einfangen. Und dann den nächsten, denn Glaube versetzt Berge.

Erstelle deine Dreamlist und mache deine Träume zu deiner Realität!

8. Kunden zu binden ist leichter, als sie zurückzugewinnen

Untersuchungen zeigen, dass Verkäufer vor allem mit folgenden Herausforderungen kämpfen müssen – in dieser Reihenfolge:

- Neukunden akquirieren
- die Umsätze bei bestehenden Kunden ausbauen
- das Beschwerdemanagement verbessern bzw. den Umgang mit Reklamationen professionalisieren
- Kampfpreise bzw. Preisunterbietungen von Wettbewerbern kontern
- ehemalige Kunden zurückgewinnen

Der Aufwand, Kunden zurückzugewinnen, ist dreimal höher, als Stammkunden zufriedenzustellen. Das ist keine wirkliche Erkenntnis, das sagt Ihnen Ihr gesunder Verkäuferverstand. Richtig? Aber jetzt kommt's: Für die Neukundenakquise gilt Faktor 7. Kundenrückgewinnung hat den Faktor 3. Es kostet also viel mehr Aufwand, neue Kunden zu gewinnen, als ehemalige Kunden zurückzugewinnen.

Ehemalige (Stamm-)Kunden zurückzugewinnen, ist also wesentlich leichter, weil deutlich weniger zeit- und kostenintensiv, als ganz neue Kunden von einem Angebot zu überzeugen. Anders formuliert: Die Rückgewinnung ehemaliger Stammkunden ist ein Hauptgarant für (Umsatz-)Wachstum.

Daraus den Schluss zu ziehen, dass die Neukundenakquise in Ihrer Prio-Liste nach unten rutscht, weil Ihnen ja ohnehin genug ehemalige Kunden abgesprungen sind und Sie sich ganz darauf konzentrieren können, diese zurückzugewinnen, wäre aber Blödsinn. Das wäre so, als würden Sie als Trainer einer Fußballmannschaft in der Halbzeitpause sagen, dass sie zurückliegt, weil sie ihre 100-Prozent-Chancen vergeben hat, und dass sie deshalb einfach in der 25. Minute weitermachen soll, um aus den vergebenen Chancen doch noch Tore zu machen.

LAW

8

Auch du kannst die Zeit nicht zurückdrehen. Daher ist die Frage doch wohl eher: Warum habe ich die Chancen nicht genutzt? Warum sind mir Stammkunden abgesprungen? Die Antwort ist klar: Weil deine Leistung nicht mehr stimmte oder weil der Wettbewerber dem Kunden attraktivere Preise geboten hat.

Daher kommt jetzt Faktor 0 ins Spiel: es am besten gar nicht so weit kommen zu lassen, dass Bestands-/Stammkunden abspringen bzw. zu Wettbewerbern abwandern. Das ist null Aufwand für die Kundenrückgewinnung, null Zeit, null Kosten. Alles, was Sie dafür tun müssen, ist, an Ihren Stammkunden dranzubleiben, um zu spüren, wie begeistert sie von Ihnen und Ihrem Angebot sind. Denn begeisterte Kunden sind Fans. Und Fans wandern nicht ab. Fans sind treu. Sie halten auch dann die Treue, wenn zwischendurch einmal etwas nicht 100-prozentig klappt. Was du gibst, bekommst du zurück. Gibst du deinen Kunden Loyalität, bekommst du Loyalität von ihnen zurück.

Dann sind auch scheinbar günstigere Preise beim Wettbewerber kein Anlass, sich Gedanken zu machen, denn diese Preisunterbietung machen Sie mit Ihrer Loyalität und mit erstklassiger After-Sales-Betreuung mehr als wett. Aber nur, wenn Sie Ihren Kunden den Rundumsorglos-Service bieten. Der Preis ist nur ein Faktor unter vielen: Wenn sich Ihre Kunden aber von Ihnen vernachlässigt fühlen, sie also kein gutes Gefühl (mehr) haben mit Ihnen, Ihrem Angebot und Ihrem Service, dann bleibt Ihnen nur noch das Preisargument. Und wenn Ihr Wettbewerber einen günstigeren Preis anbietet, dann haben Sie Ihren Kunden verloren.

Das klingt nach viel Arbeit? Aber, hey, vorbeugen ist günstiger als reparieren. Kunden an sich zu binden, ist einfacher, als Kunden zurückzugewinnen, oder?

Die richtige Einstellung ist entscheidend

9. Mit »Attitude« gibt der Verkäufer 100 Prozent

»Attitude« ist das englische Wort für Haltung oder Einstellung. »Attitude« ist ein geradezu magisches Wort. Zählen Sie doch einmal die Nummern der jeweiligen Positionen der Buchstaben von »Attitude« im Alphabet zusammen:

A = 1 T = 20 T = 20 I = 9 T = 20 U = 21 D = 4 E = 5

Welche Summe ergibt sich? Richtig: 100!

Die »Attitude« eines Topverkäufers, seine Einstellung, seine Haltung ist immer: 100 Prozent von allem. Das sind 100 Prozent Einsatzbereitschaft für den Kunden, für das Unternehmen und für sich selbst, 100 Prozent Kundenorientierung, 100 Prozent Identifikation mit dem eigenen Produkt, 100 Prozent Identifikation mit dem eigenen Unternehmen, 100 Prozent Identifikation mit dem eigenen Beruf. Führen Sie die Liste gern weiter, letztlich läuft alles auf einen Punkt hinaus: Topverkäufer geben Vollgas – für den Kunden, für das Unternehmen, für sich selbst.

100 Prozent Einsatzbereitschaft für den Kunden bzw. 100 Prozent Kundenorientierung bedeutet aber nicht, dass du deinem Kunden jeden Wunsch von den Lippen abliest, dass du vor lauter Dankbarkeit den Bückling rückwärts aus seinem Büro machst, egal, welche Bedingungen er dir in den Auftragsblock diktiert hat. Nur schwache Verkäufer identifizieren sich mit dem Kunden aus der Angst heraus, einen Auftrag zu verlieren. Das hat mit »Attitude« nichts zu tun, denn »Attitude« heißt, nicht nur ein breites Kreuz zu haben, sondern auch Rückgrat zu beweisen, gerade in schwierigen Verhandlungen.

Deshalb betrachten starke Verkäufer das Verhältnis zu ihren Kunden als gleichwertige, von gegenseitigem Respekt geprägte Partnerschaft, die weit über den Abschluss hinausreicht und dauerhaft Bestand hat. Dazu gehört selbstverständlich auch, sich in den Partner hineinzuversetzen, um seinen Bedarf, seine Bedürfnisse, seine Motive herauszuarbeiten: Was braucht mein Kunde? Was ist ihm wichtig? Wie will er behandelt werden?

Aber es bedeutet eben nicht, aus dem Verständnis für den Kunden heraus die eigene Position aufzugeben. Und genau diese Gratwanderung beherrscht der Topverkäufer: Er hört hin, er stellt die richtigen Fragen, er präsentiert sein Angebot unter Berücksichtigung der Kundenbedürfnisse, er nutzt seine Menschenkenntnis, um in der Einwandbehandlung geschickt die »Argumente« des Kunden zu entkräften, und er lenkt in den Preisverhandlungen den Fokus des Kunden auf dessen individuellen Nutzen, sodass der Preis keine Rolle spielt. Der Abschluss ist die Kür!

Einem solchermaßen empathischen und sozial kompetenten Verkäufer bringt der Kunde die Wertschätzung entgegen, die der Verkäufer aufgrund seines Engagements, seines Know-hows und seiner Leistungen verdient. Und diesen Respekt des Kunden verdient sich der »Attitude«-Verkäufer, gerade weil er seinem Kunden klar sagt, was nicht möglich ist – und was möglich ist.

 **Das Motto des Topverkäufers ist: Mein Kunde ist König – solange er sich wie ein König benimmt!**

10. Du störst nicht

Kennen Sie den? Ruft der Verkäufer einen Kunden an und sagt: »Guten Tag, Herr Kunde, störe ich oder haben Sie gerade ein paar Minuten Zeit?«

21, 22, 23 ... Sie warten auf die Pointe? Da können Sie lange warten. Das IST die Pointe. Finden Sie nicht lustig? Dann ist es wohl eher so, dass Ihnen dieser Kundengesprächseinstieg der Marke »Hilflosigkeit und Unterwürfigkeit« bekannt vorkommt?

Mit einem solchen Start kickst du dich selbst aus dem Terminvereinbarungsrennen. Der Kunde, der deinen Anruf entgegennimmt, hat doch Zeit. Würde er sonst rangehen? Wenn du schon beim Wählen unsicher bist und denkst »Das wird nix ... Der hat doch eh kein Interesse«, kannst du davon ausgehen, dass genau das tatsächlich der Fall ist. So etwas wird gemeinhin als »self fulfilling prophecy« bezeichnet: Wenn du denkst, dass es schiefgeht, dann wird es auch schiefgehen.

Bevor Sie anrufen, programmieren Sie sich deshalb selbst auf Erfolg: Sie haben aufgrund Ihrer Vorbereitung auf das Telefonat genau die Informationen, die Ihr Kunde braucht, auf die er wartet. Also zeigen Sie Ihrem Gesprächspartner, dass Sie ein professioneller Verkäufer und kompetenter Partner sind. Ihr Angebot ist es wert, dass Ihr Kunde Ihnen zuhört. Verhalten Sie sich entsprechend: Stehen Sie zu Ihrer Überzeugung, Ihrem Kunden ein attraktives Angebot machen zu können, das seinen Bedarf deckt und seinen Bedürfnissen entspricht. Kurz: Seien Sie selbstbewusst!

Keine Frage: Am Telefon kann Ihr Kunde Sie leichter abwimmeln als bei einem persönlichen Besuch. Daher ist es so wichtig, dass Sie sich vor dem Terminvereinbarungsgespräch verdeutlichen, welchen

Nutzen Sie Ihrem Gesprächspartner bieten. Und dann genießen Sie es, vor ihm Ihre überzeugenden, unwiderstehlichen und schmackhaften Nutzenargumente auszubreiten! Spüren Sie, wie aus seiner Skepsis, ja Ablehnung, zuerst ein »Vielleicht« und dann ein »Das interessiert mich wirklich!« wird!

LAW

10

Selbstverständlich begegnen dir immer wieder auch unverhohlene Ablehnung und genervte Verweigerung. Das ist die andere Seite der Medaille, das Yang zum Yin, wie eine Pro-/Kontra-Liste, das ist wie Annakin Skywalker und Darth Vader. Wer A sagt, muss auch B sagen. Was ist nun B?

B geht so: Nimm die Ablehnung, das Desinteresse, den Widerspruch deines Kunden nie persönlich! Dein Gesprächspartner kennt dich ja nicht, wenn du das erste Mal mit ihm telefonierst. Sieh jedes klare Nein positiv, denn es erspart dir den Kampf gegen Windmühlen und führt dich umso schneller zum nächsten Kunden, der wirkliches Interesse an deinem Angebot zeigt. Bedank dich also beim Neinsager und wähl die nächste Nummer!

»Lieber 30 Minuten kalt duschen, als 30 Minuten kalt akquirieren« – wer so denkt, hat schon verloren. Erinnere dich stattdessen an deine erfolgreichen Terminvereinbarungsgespräche und Kaltakquisetelefonate! Was schon einmal geklappt hat, wird auch wieder funktionieren. Du hast bereits eine Menge neue Kontakte am Telefon gewonnen – mit konsequenter Akquise. Also mach weiter so!

11. Man muss Menschen mögen

Was du ausstrahlst, ziehst du an. Hast du schlechte Laune, kannst du nicht erwarten, dass dein Kunde dir Witze erzählt, um dich zum Lachen zu bringen und deine schlechte Laune zu vertreiben. Machst du ironische Kommentare, weil du deinen Kunden für einen Vollpfosten hältst, dann beklag dich nicht, dass er dich hochkant aus seiner Firma schmeißt, obwohl du ihm ein unwiderstehliches Angebot gemacht hast. Und selbst wenn du vorgibst, dass dir dein Kunde sympathisch ist, obwohl er in deinen Augen ein unfähiger Ignorant ist, funktioniert das nur kurzfristig.

Topverkäufer haben eine unabdingbare Voraussetzung verinnerlicht, um in ihrem Beruf dauerhaft erfolgreich zu sein: die **4 M – Man Muss Menschen Mögen.**

Sie kommen täglich mit unterschiedlichen Persönlichkeiten mit individuellem Background in verschiedenen Positionen zusammen. Ihre wichtigste Aufgabe ist es, Ihre Kunden erst für sich selbst, dann für Ihr Unternehmen und am Ende für Ihr Angebot, Produkt oder Ihre Dienstleistung zu gewinnen. Das geht nur, wenn Sie Glaubwürdigkeit und Sympathie für Ihr Gegenüber nicht vorspielen, sondern leben. Sie müssen authentisch sein – das ist Teil Ihres Jobs, und das strahlen Sie nur aus, wenn Sie sich selbst wohlfühlen. Und wer sich wohlfühlt, hat keine schlechte Laune und zieht keinen Flunsch, wenn er seinen Kunden begrüßt. Wer sich wohlfühlt, geht auch mit der Arroganz und Selbstgefälligkeit eines Kunden souverän um.

Klar, nicht alle Kunden sind gleichermaßen sympathisch. Aber es ist sicher nicht Ihre Aufgabe, weniger nette Kunden zu besseren Menschen zu erziehen. Ihre Aufgabe ist es dagegen, mit Ihrem Kunden zusammen ein gutes Geschäft zum Abschluss zu bringen. Und dafür schulden Sie ihm Wertschätzung und Respekt. Nicht mehr und nicht weniger.

Das geht so: Stellen Sie sich vor jedem Kontakt – ob Brief, Telefonat, Gespräch – positiv auf den jeweiligen Kunden ein! Konzentrieren Sie sich auf die Eigenschaften, die Ihnen an Ihrem Kunden gefallen, und auf seine Stärken! Sei es sein Armani-Anzug, seine klaren und deutlichen Ansagen, sein geschmackvolles Büro, der angenehme Bass in seiner Stimme, sein gutes Eau de Toilette, sein fester Händedruck – es gibt unzählige Aspekte, die Ihnen die Chance geben, auch an einem schwierigen Kunden Positives zu entdecken. Ohne diese Grundeinstellung bleibt Ihr Verkaufserfolg aus. Das ist so sicher wie die Handraute von Mutti Merkel!

Wenn es Ihnen nicht gelingt, die Stärken und die guten Eigenschaften des Kunden zu finden, verlieren Sie zwangsläufig den Respekt vor ihm – und damit auch den Kunden selbst. Wenn Sie trotz Antipathie gegenüber einem Kunden den Abschluss übers Knie brechen, können Sie sich danach selbst nicht leiden, weil Sie nur noch Ihre Provision im Auge hatten. Und ein Verkäufer, der sich selbst nicht leiden kann, findet sich selbst nicht mehr sympathisch. Und genau das strahlt er aus. Ergo: Wenn Ihr Kunde Sie unsympathisch findet, ist das Gespräch eh gelaufen.

 **Letztlich lässt es sich auf diese acht Worte reduzieren: Der Kunde mag Sie, wenn Sie ihn mögen!**

12. Bist du RAUSS®, bist du drin

Nein, das ist keine Falschaussage. **RAUSS®** bedeutet: **R**isikobereit – **A**ntriebsstark – **U**eberzeugend – **S**elbstdiszipliniert – **S**elbstbewusst. Diese fünf Eigenschaften sind wesentliche Bedingungen dafür, dass Topverkäufer unangenehme Aufgaben wie Reklamationsgespräche souverän erledigen und sich nicht von Misserfolgen wie stornierten Aufträgen den Wind aus den Segeln nehmen lassen. Denn sie denken positiv, ihre Haltung, ihre Einstellung ist positiv. Sie:

- akzeptieren sich selbst mit all ihren Schwächen – und Stärken,
- freuen sich auch über kleine Erfolge und genießen diese,
- haben ein gesundes Selbstvertrauen, denn sie wissen um ihre Fähigkeiten und gehen deshalb mit Kritik angemessen um,
- nehmen Lob und Anerkennung gern an, weil sie sich darüber sehr freuen,
- setzen sich durch, wenn es notwendig ist,
- versuchen immer, aus einer verfahrenen Situation das Beste zu machen und
- sehen wegen ihrer positiven Haltung einen Sinn in ihrem Leben und Handeln.

Klingt ja alles ganz wunderbar? Schweine können ja auch fliegen, wenn sie nur wollen, meinen Sie? Einen Moment bitte, erst einmal weiterlesen: Eine positive Haltung und positives Denken bedeuten nicht, alles durch rosarote Brillengläser zu sehen, denn das hat nichts mit der Realität zu tun. Es gibt genug Unangenehmes, Hässliches, Ungerechtes, und all dies auszublenden, wäre blauäugig. Wer Schlechtes schönredet, um sich nicht damit auseinandersetzen zu müssen, verweigert sich der Wirklichkeit. Das kann sich kein Verkäufer leisten.

Negatives Denken verzerrt aber ebenso die Wirklichkeit, denn es verleitet dich dazu, dich einseitig auf die unangenehmen, schwierigen und kritischen Aspekte einer Situation im Gespräch oder im Verkaufsprozess zu fokussieren. Das führt zu einem Tunnelblick und zu falschen Verallgemeinerungen, die unumstößlich erscheinen. Statt danach zu fragen, ob du diese Situation verändern oder verbessern kannst, nimmst du sie als gottgegeben und in Beton gegossen wahr. Du spürst Ärger, Angst und Druck, und das verursacht Stress – und zwar Disstress, die Sorte von Stress, die dich mental und körperlich fertigmacht, wenn sie jahrelang andauert. Auch nicht gerade günstige Voraussetzungen für erfolgreiches Verkaufen, einverstanden?

Eustress dagegen ist positiver Stress, der Zustand, der dich anspornt, Herausforderungen anzunehmen und anzugehen, der dein Adrenalin anzapft und große Leistungen ermöglicht. Es kommt also darauf an, wie du mit Druck umgehst, wie du schwierige und unangenehme Situationen wahrnimmst, ob das berühmte Glas halb voll oder halb leer ist.

Topverkäufer sehen vor allem, dass das Glas schon ganz gut gefüllt ist, aber sie nehmen ebenso wahr, dass in diesem Glas noch reichlich Platz ist, und betrachten es als ihre Herausforderung, es aufzufüllen. Sie schauen sich stets beide Seiten der Medaille an: Dinge sind weder einseitig positiv noch allein negativ. Topverkäufer beschönigen nicht, aber sie sehen auch nicht nur Hindernisse. Sie wissen, dass sie für sich und ihren Kunden das Beste aus der Situation herausholen können. Sie sehen die Chancen, ohne die Hindernisse zu verleugnen. Aber im Gegensatz zu schwachen Verkäufern stellen sie sich als Nächstes die Frage: Und wie überwinde ich diese Hindernisse?

Mal ehrlich: Wann haben Sie sich das letzte Mal diese Frage gestellt?

13. Manipulieren heißt überzeugen

Bäh, Manipulation! Böses, böses Pfui-Wort! Auf einer Liste verbotener Verkäuferworte nähme Manipulation im Ranking einen Spitzenplatz ein. Es gibt kaum ein Wort, das so negativ besetzt ist, so häufig vermieden, weggesperrt und krampfig umformuliert wird.

Aber jetzt mal Butter bei die Fische: Manipulation ist eine Frage der Betrachtungsweise. Allein unsere kulturell und sprachlich bedingte negative Bewertung des Wortes verhindert, Manipulation als das zu verstehen, was es letztlich bedeutet. Hier ein paar Begriffe und Wendungen, die als Synonyme für manipulieren gelten: beeinflussen, bewirken, empfänglich machen, befürworten, prägen.

Noch nicht überzeugt? Überzeugen ist übrigens auch so ein Wort, das manipulieren sehr nahekommt. Wir alle werden jeden Tag beeinflusst. Denken Sie nur an die Werbung, die jeden Tag auf uns einprasselt. Studien gehen davon aus, dass wir jeden Tag von mehreren Tausend Werbebotschaften bombardiert werden. Und welches Ziel hat Werbung? Uns zu überzeugen, dass ein Produkt das richtige für uns ist. Ist das etwa keine Manipulation?

Ebenso beeinflussen wir selbst andere, jederzeit, in jeder beruflichen und privaten Situation. Wenn Ihr Kind keine Lust auf Gemüse hat und nach Spaghetti mit Tomatensauce schreit, was tun Sie? Sie wollen es davon überzeugen, dass der Brokkoli viel leckerer ist. Sie manipulieren selbst jeden Tag. Welches Outfit Sie beim Kunden tragen, wie Sie sich vorstellen, wo Sie sitzen, wie Sie Ihre Visitenkarte übergeben – alles hat nur ein Ziel: den Kunden zu beeinflussen, damit er kauft, was gut für ihn ist. Um Ihren Kunden also zum Kauf zu bewegen, müssen Sie effektiv auf ihn einwirken, ihn beeinflussen, ja, manipulieren. Einverstanden?

Du hilfst deinem Kunden, die richtige Entscheidung zu treffen. Ist das gut oder schlecht? Das Wort an sich ist doch neutral. Allein was wir daraus machen, WIE wir manipulieren, überzeugen, beeinflussen, entscheidet doch letztlich darüber, ob es eine positive Wirkung entfaltet oder negativ zu bewerten ist. Ist Feuer gut oder schlecht? Das Internet? Ein Auto? Das hängt davon ab, wie ich Feuer, das Internet oder ein Auto nutze, mit welchem Ziel, zu welchem Zweck.

LAW

13

So gesehen ist Manipulation zunächst die Chance, dass Sie Ihrem Kunden die Vorteile und Nutzen aufzeigen, die er sich durch Ihr Angebot, Ihre Lösung sichern kann. Wenn Sie wirklich überzeugt sind, dass Ihr Produkt ihm tatsächlich das bietet, was er sich davon erhofft, ist das Manipulation: Ihre Motive sind ehrlich und lauter und Sie kommunizieren ganz offen Ihre Absicht, ihm das Produkt zu verkaufen – aber eben nicht um den Preis, dass Ihr Kunde seinen Kauf später bereut. Denn Ihnen liegt ja viel daran, dass ihm die Vorteile Ihres Angebots wirklich weiterhelfen.

14. Wenn-dann-Denker stagnieren, Wie-Denker sind erfolgreich

»Wenn ich nur mehr Kundentermine hätte, dann …«
»Wenn meine Kunden nur mehr Geld hätten, dann …«
»Wenn ich bloß ein anderes Verkaufsgebiet hätte, dann …«
»Wenn meine Provision höher wäre, dann …«

Solche und ähnliche Jammerorgien – die Liste ließe sich endlos weiterführen – sind Ihnen bestimmt auch schon begegnet. Oder gehören Sie sogar selbst zu den Wenn-dann-Denkern?

Wenn-dann-Denker beklagen ihre Situation, ohne daraus die Konsequenzen zu ziehen und etwas zu ändern. Viele mittelmäßige Verkäufer haben Wenn-dann-Beschwerden, kennen die Symptome wie fehlende Motivation, übersichtliche Terminkalender, ebenso übersichtliche Gehaltsabrechnungen, sparsame Kunden, lustlose Angebotspräsentationen und Standard-Einwandbehandlungen. Nur wenn es um Kaltakquise-Aktivitäten geht, bekommen Wenn-dann-Denker heftige Adrenalinschübe und sind enorm erfindungsreich beim Formulieren kreativer Ausreden.

Wenn-dann-Denker kennen auch die passende Arznei – sie fragen sich: Wie schaffe ich es, mehr Kundentermine zu vereinbaren? Wie finde ich die Kunden, die bereit sind, für mein Angebot das entsprechende Geld lockerzumachen/Investitionen zu tätigen? Wie kann ich meinen Vertriebschef davon überzeugen, mir ein größeres/anderes Verkaufsgebiet zu geben? Wie kann ich meine Provisionen steigern? Ob Wenn-dann-Denker dann aber tatsächlich aus dem Quark kommen und die notwendigen Maßnahmen angehen, bleibt fraglich. Das hieße nämlich: raus aus der Komfortzone, intelligent planen, dazulernen, fleißig ranklotzen. Von nix kommt nix. Klingt trivial, aber so ist es eben.

Letztlich ist es wieder einmal eine Frage der inneren Einstellung. Topverkäufer sind Wie-Denker, die ihre Visionen und Ziele realisieren. Jaja, schon klar: Wer Visionen hat, der sollte zum Arzt gehen, wie Helmut Schmidt einst sagte. Wer natürlich Visionen und Ziele mit Vorstellungen, Erwartungen, Hoffnungen, Wünschen und Träumen verwechselt, der darf sich tatsächlich nicht wundern, warum er nicht dahin kommt, wo er hinwill, warum sich Demotivation, Enttäuschung und Frustration in ihm breitmachen.

Nebulöse Vorstellungen, schwammige Wünsche, unrealistische Erwartungen, rosarote Hoffnungen und Wolkenkuckucksheime haben nichts mit ambitionierten Visionen und klaren Zielen zu tun.

Das Prinzip von Spitzenverkäufern ist: Die Klarheit meiner Zielvorstellung bestimmt die Größe meines Erfolgs. Mein Blick ist deshalb nach vorn gerichtet, mein Denken ist zukunftsorientiert und mein Handeln folgt einem klaren Plan.

15. Wer das Ziel nicht kennt, wird den Weg nicht finden

Natürlich kannst du einfach loslaufen, so nach dem »Trial-and-Error«-Prinzip: Ich bin dann mal weg, mal schauen, was so passiert und wem ich begegne. Wenn du ein abenteuerlustiger Entdecker bist, der alles auf sich zukommen lässt, wunderbar. Wenn du auf Sackgassen, Straßensperren, riesige Umwege, Bergpässe, Kreisverkehre und andere Herausforderungen stehst, prima. Viel Spaß!

Wenn du aber ein Topverkäufer werden willst, dann machst du dir einen Plan. Und ein brauchbarer Plan beginnt damit, Ziele schriftlich festzuhalten: klar definieren, konkret, messbar und zeitlich begrenzt. **SMART** eben: **S**pezifisch – **M**otivierend – **A**ktionsauslösend – **R**ealistisch – **T**erminiert.

Bilden Sie beim Formulieren vollständige Sätze in der Gegenwartsform. Hinterfragen Sie kritisch, warum Sie genau diese Ziele erreichen wollen: Was bringen mir diese Ziele und welchen Nutzen ziehe ich daraus? Schreiben Sie sich Ihre persönlichen Vorteile auf und machen Sie es sich leicht, indem Sie die Kraft der Visualisierung nutzen: Welche Bilder entstehen vor Ihrem inneren Auge, wenn Sie an Ihre Ziele denken? Wie fühlt sich das an, wenn Sie Ihr Ziel erreicht haben? Was machen Sie dann? Wie belohnen Sie sich? Zum Beispiel mit einer Reise dahin, wohin Sie schon immer wollten? Dann besorgen Sie sich Prospekte, schwelgen Sie in den Bildern – und planen Sie Ihre Reise!

Verlieren Sie Ihr Ziel nicht aus den Augen, selbst wenn es Ihnen riesig erscheint und sein Erreichen viel Kraft und Ausdauer erfordert. Dann legen Sie Zwischenziele fest und überprüfen Sie nach jeder Etappe, wo der Weg zum nächsten Zwischenziel entlangführt. Und egal, ob End- oder Zwischenziel, die entscheidenden Fragen, die Sie sich immer wieder stellen müssen, sind stets dieselben:

- Welche Informationen brauche ich, um mein Ziel zu erreichen?
- Welche Hindernisse liegen auf dem Weg zum Ziel? Wie kann ich diese aus dem Weg räumen?
- Wer kann mir bei der Realisierung meines Ziels helfen? Wie genau können mir diese Personen helfen?
- Hilft mir die Unterstützung meiner bisherigen Partner noch? Oder brauche ich neue Partner, die mir auf andere Art helfen?
- Taugen meine bisherigen Mittel und Instrumente noch? Oder muss ich sie anpassen? Oder benötige ich ganz andere? Und wenn ja: Welche neuen oder zusätzlichen Mittel sind auf dem Weg zum Ziel geeignet?

Führen Sie regelmäßig einen Ziel-Ist-Abgleich durch, denn Sie sind Ihr eigener Projektmanager und Controller. Schon klar: Dieselbe Person managt und prüft regelmäßig die Zwischenergebnisse – was ist denn das für eine Kontrolle? Richtig! Deshalb verpflichten Sie sich selbst: Besprechen Sie mit Ihrem Partner und/oder Ihrer Führungskraft Ihre Ziele. Vereinbaren Sie, dass Sie regelmäßig von Ihren Fortschritten berichten – und lassen Sie sich daran erinnern, wenn Sie in ein Motivationsloch fallen und sich fragen, wofür Sie sich so abstrampeln. Holen Sie so das Beste aus sich heraus und verfolgen Sie konsequent Ihr Ziel! Beschenken Sie sich mit Stolz, Selbstbewusstsein und dem Wissen, große Ziele zu erreichen!

16. Gute Organisation führt zu guten Ideen

Was hat denn Organisation mit guten Ideen zu tun? Für Ordnung zu sorgen und gleichzeitig innovativ zu sein – wie passt das zusammen?

Wenn Sie an Daniel Düsentrieb denken oder verpeilte Künstler, an wirrköpfige Schriftsteller oder vergeistigte Professoren, die nur im Chaos kreativ sind, dann sitzen Sie einem verstaubten Klischee auf. Natürlich gibt's solche Exemplare, Ausnahmen bestätigen schließlich die Regel. Aber die meisten, die frische, neue, ungewöhnliche, querköpfige und geniale Ideen entwickeln, arbeiten enorm effektiv, um in ihrem Hirn Platz fürs Rumspinnen zu schaffen. Viele kreative Freigeister sind ausgesprochene Ordnungsfanatiker, denn gerade die Ordnung, die gewohnten Strukturen, die alltäglichen Abläufe, die immer gleichen Routinen bilden das Fundament, auf dem sie Luftschlösser bauen.

Nutzen Sie also das Pareto-Prinzip mit seiner 80/20-Regel, die besagt, dass 80 Prozent der Ergebnisse mit 20 Prozent des Gesamtaufwands erreicht werden können. So nutzen Sie Ihre Zeit effizienter und es bleibt Ihnen mehr für die geistigen Freiräume, die Sie brauchen, um neue und gute Ideen zu entwickeln:

- Finden Sie heraus, mit welchen Ihrer Verkaufsstrategien und -techniken Sie Ihre größten Erfolge erzielen, und zwar unter verschiedenen Gesichtspunkten: Umsatz, Zeitaufwand für Vor- und Nachbereitung, Verhältnis von Kosten und Nutzen für Ihr Unternehmen – und für Sie selbst. Wenden Sie diese Strategien und Techniken konsequent an!
- Konzentrieren Sie sich auf die Produkte, mit denen Sie die größten Umsätze und/oder Gewinne erzielen: 20 Prozent des Angebots für 80 Prozent Umsatz/Gewinn.

- Nehmen Sie vor allem die 20 Prozent Ihrer Kunden in den Blick, die 80 Prozent Ihrer Umsätze ausmachen. Denken Sie dabei daran, nicht nur Neukunden zu akquirieren, sondern auch ehemalige Kunden zu kontaktieren. Sie wissen ja: Alte (Stamm-)Kunden zu reaktivieren, ist deutlich weniger aufwendig, als neue Kunden zu gewinnen.

Auf diese Weise schaffen Sie sich das vom Hals, was Sie viel Mühle, Aufwand und Nerven kostet. Warum Zeit verschwenden mit Dingen, die Sie bremsen, blockieren, belasten, die Ihren Terminplan verstopfen? Befreien Sie sich von zeitlichem, geistigem und seelischem Ballast! Schaffen Sie sich stattdessen Freiräume für die Entspannung, die Sie auch brauchen, um Ihren guten Kunden ein guter Verkäufer zu sein. Nur so finden Sie die Ruhe und Muße, um Ihrer Arbeit immer wieder neue und spannende Seiten abzugewinnen. Und nur so schaffen Sie den Raum, um kreativ zu sein.

 **Vergessen Sie nicht: Mit 20 Prozent Aufwand können Sie 80 Prozent Ihrer Ergebnisse erreichen – so sieht effiziente Organisation aus, die Freiräume für gute Ideen schafft.**

17. Wer ungewöhnliche Ideen hat, bindet seine Kunden

Kreativ? Stimmt, da war doch was ... Du bindest deine Kunden natürlich zunächst einmal mit Verlässlichkeit und Aufmerksamkeit. Du gehst die Extrameile, um deine Kunden nicht nur zufriedenzustellen, sondern auch zu begeistern. Deine Kundenbetreuung ist vorbildlich, Du pamperst deine Kunden, was das Zeug hält. Aber ist das wirklich alles? Hast du nicht manchmal das Gefühl, dass noch mehr geht? Dass du bestimmt noch mehr auf der Pfanne hast?

Topverkäufer nutzen gute Ideen, um ihre anspruchsvollen Kunden immer wieder zu überraschen und zu begeistern, denn dann bleiben ihnen ihre Kunden treu. Verlässlich, aufmerksam, erreichbar zu sein, Kundenwünsche zu erfüllen, das ist Pflicht. Neue, originelle, ungewöhnliche Ideen für Kunden sind die Kür, die Spitzenverkäufer von guten Verkäufern unterscheidet.

Wie das geht, überraschende Ideen zu kreieren? Zum Beispiel so: Du denkst bewusst um die Ecke, lockerst die rational-logische Strenge, mit der du sonst arbeitest, lässt Fünfe gerade sein. Du verlässt die Schienen der üblichen Denkgewohnheiten, stattdessen stellst du die Weichen neu. Du ignorierst hartnäckig das Vernunftmännchen in deinem Kopf, das dir immer wieder ins Ohr flüstert: »Das ist doch Quatsch! Daten, Fakten, Zahlen, das zählt, alles andere ist Kokolores!«

Nein, das ist kein Kokolores! Die Schere im Kopf zu ignorieren, einfach mal herumzuspinnen, die Perspektive zu wechseln, das wird laterales Denken genannt. Laterales Denken sucht nicht nach den richtigen Antworten, sondern ordnet vorhandene Informationen um, kombiniert sie neu. Ergebnis: Fragen, die Sie so noch nicht gestellt haben, und Antworten, die Sie sich selbst so noch nicht gegeben haben. Überlegen Sie zum Beispiel nicht, wie Sie einen Kunden gewinnen, sondern ganz im Gegenteil, was Sie tun müssen, um ihn nicht zu gewinnen, oder wie der Kunde Sie gewinnen kann.

LAW 17

Ein anderes Beispiel: Ein wichtiger Kunde konfrontiert Sie mit einer völlig überzoge-nen Forderung. Ihr Reflex lautet: Auf keinen Fall! Wie soll ich denn das machen? Mal ange-nommen, es wäre machbar: Wie sähe dann die Lö-sung aus? Wie würden Sie als Einkäufer, Projektmanager oder Mar-ketingfachmann an diese Herausforderung herangehen? Was würde Ihnen Ihr Vorgesetzter, Ihr Vorbild, ein guter Freund, ein kompeten-ter Kollege raten?

Seltsam, finden Sie? Probieren Sie's aus – Sie werden überrascht sein, auf welche neuen, ungewöhnlichen Ideen Sie für Ihre Kundenkon-takte und Ihre Verkaufsgespräche kommen.

18. Ohne Eigenmotivation keine Energie und kein Erfolg

Topverkäufer suchen sich immer wieder neue Aufgaben und Herausforderungen. Ihr Motto ist: Was will ich noch erreichen?

Ohne dieses Streben nach neuen Zielen gibt es keine Motivation und keine Begeisterung, sondern nur Stehenbleiben, Stagnation und Selbstzufriedenheit. Wer keinen Hunger mehr hat, ist satt. Wer glaubt, dass Kokosnüsse eine harte Schale haben, der hat noch nie richtig Hunger gehabt. Und wer keinen Ehrgeiz hat, kann seine Kunden nicht begeistern: Nur wenn du selbst brennst, kannst du andere entzünden.

Die Eigenmotivation und Begeisterungsfähigkeit, die sich auf die Kunden überträgt, beziehen Topverkäufer aus ihrer Lebenseinstellung: Sie ziehen am Ende jeden Tages eine positive Bilanz. Aus diesem Gefühl der Zufriedenheit schöpfen Topverkäufer ihre Energie, ohne die du nicht neugierig auf den nächsten Tag und neue Kunden sein kannst und ohne die du nicht bereit bist, auch einmal ein Risiko einzugehen.

Dieser Eigenantrieb, dieser Ehrgeiz, dieses »Immer weiter!« ist aber kein eitel Sonnenschein, keine abgedroschene »Happy-go-lucky-Chaka-weiter-so«-Selbstermutigung. Die Eigenmotivation von Topverkäufern gründet ebenso darin, dass sie sich vor Augen führen, welche drastischen Folgen es hat, die Hände in den Schoß zu legen, nichts zu tun, sich satt den Bauch zu streicheln und auf dem Sofa sitzenzubleiben: Bestandskunden, die zum Wettbewerber abwandern, weil meine Leistung nachlässt, keine Neukunden, weil ich die Kaltakquise schleifen lasse, sinkende Umsätze, meckernder Chef, bescheidene Provisionen, riesengroße Motivationslöcher, weil ich keine neuen Ziele habe. Eine Abwärtsspirale aus Antriebslosigkeit und Unlust, die ausreicht, um dir einen Tritt in den Allerwertesten zu geben, oder?

Diese Selbstprogrammierung auf Erfolg er-
folgt in den 15 Zentimetern zwischen deinen Ohren: Du hast es selbst im Kopf, dich
zu motivieren. Dazu gehört, jede schwierige Situation als Geschenk zu betrachten. Warum? Sie helfen Ihnen, daraus zu
lernen, um später in vergleichbaren Fällen
smarter zu reagieren. Nach Fehlschlägen sind
Sie motiviert, es das nächste Mal besser zu machen.

LAW

18

Verkäufer, die diese Haltung verinnerlicht haben, sind Wegefinder,
keine Hürdensucher, denn sie fragen sich, wie sie es besser machen
können, statt die Schuld für ihr Scheitern bei anderen oder in den Umständen zu suchen und sich in das scheinbar Unvermeidliche zu fügen.

Nutzen Sie also schwierige Situationen, um sich kontinuierlich zu verbessern! Rufen Sie sich die Vorteile Ihres Berufs in Erinnerung: selb-
ständiges Arbeiten, große Entscheidungs- und Gestaltungsspielräume,
Kreativität, dankbare Kunden, die Sie als Mensch und Geschäftspartner schätzen, Kollegen und Freunde, die Sie unterstützen, das gute
Gefühl bei erfolgreichen Abschlüssen. Einfach alles, was den Spaß an
Ihrem Job, Ihre Identifikation mit Ihrer Tätigkeit widerspiegelt.

Fragen Sich regelmäßig: Was an meinem Beruf erfüllt mich mit Freude und Begeisterung, in welchen Situationen spüre ich Tatkraft und
Entschlossenheit, wann durchströmen mich Zuversicht und Glück?
Apropos Glück: Glücksgefühle lösen Dankbarkeit aus. Wofür sind Sie
heute dankbar? Zum Beispiel, dass ein Kunde Ihnen heute gesagt hat,
wie gern er mit Ihnen zusammenarbeitet? Dass Ihr Chef Ihnen auf die
Schulter geklopft hat, weil er froh ist, Sie in seinem Team zu haben?

**Sie haben nicht einfach einen Beruf,
sondern eine Berufung. Denn in guten
Zeiten geht's allen gut, in schlechten
nur den Besten.**

19. Nur wer begeistert ist, überzeugt

Die meisten Verkäufer haben zu wenig von dem, was sie eigentlich brauchen, um Topverkäufer mit dauerhaftem Erfolg zu sein: Motivation, Begeisterungsfähigkeit, Überzeugungskraft und Selbstvertrauen. Deshalb verkaufen sie mittelmäßige Produkte und Dienstleistungen an mittelmäßige Kunden zu mittelmäßigen Preisen. Ergebnis: mittelmäßige Umsätze und mittelmäßige Provisionen.

Natürlich ist auch Selbstdisziplin wichtig. Motivation und Überzeugungskraft allein machen aus einem 1er-BMW noch keinen Z4. Prüfen Sie deshalb jeden Tag Ihr Handwerkszeug: die Anzahl Ihrer Telefonkontakte, Ihrer Besuche, Ihrer qualifizierten Termine. Fragen Sie sich, ob Sie Einwände richtig behandelt haben, ob Ihr After-Sales-Service gut war, und belohnen Sie sich erst, wenn Sie Ihr tägliches Soll erfüllt haben. Nicht Zufriedenheit erzeugt Leistung, sondern Leistung Zufriedenheit!

Aber ohne Motivation, Begeisterungsfähigkeit, Überzeugungskraft und Selbstvertrauen kannst du nicht brennen und die Begeisterung deiner Kunden entfachen: die Begeisterung für dich als Person, für ein Angebot und dein Unternehmen. Begeisterung ist nicht alles – aber ohne Begeisterung ist alles nichts.

Besitzen Sie diese Fähigkeiten? Wenn Sie vier der nachfolgenden Sätze ohne zu zögern und mit dem Brustton der Überzeugung bejahen, dann haben Sie das Zeug, sich selbst und damit auch Ihre Kunden nachhaltig und wiederholt zu motivieren und zu begeistern:

• Ich habe eine positive Beziehung zu meinem Partner, meinem Chef, meinen Kollegen und meinen Kunden.

- Meine Kunden betrachten mich als gleichwertigen Geschäftspartner, ich werde von ihnen respektiert und geschätzt.
- Meine Fach-, Methoden-, Sozial- und Kundenkompetenz halte ich auf dem neuesten Stand.
- Ich biete meinen Kunden einen persönlichen und individuellen Nutzen und Mehrwert.
- Ich kann die Einwände meiner Kunden souverän entkräften und zügig den Abschluss herbeiführen.
- Meine Kunden fühlen sich bei mir gut aufgehoben, weil ich auch nach einem Abschluss für sie da bin. Mein Motto ist: Nach dem Abschluss ist vor dem Abschluss.

20. Sieger haben keine Angst vor dem Scheitern

Verkäufer müssen schon eine verdammt dicke Haut haben. Wie Elefanten. Jeden Tag Ablehnung, Zurückweisung, kurzfristig stornierte Termine, dünne Vorwände, dumme Kundensprüche, nervige Preisverhandlungen, zögerliche Kunden, ungerechtfertigte Reklamationen. Immer die Energie aufbringen, mit viel Ausdauer aus einem harten Nein ein begeistertes Ja zu machen.

Da brauchst du eine Menge mentale Stärke: Selbstwertgefühl, Erfahrung und Professionalität, Konzentration auf das Wesentliche, Gelassenheit und den Glauben an die eigene Wirksamkeit. Sich immer neu motivieren. Jeden Abend die kleinen und großen Erfolge des vergangenen Tages genießen, aus Misserfolgen lernen und jeden Morgen mit dem Gefühl aufstehen, die Welt erobern zu wollen. Dafür bist du doch auch Verkäufer geworden, oder?

Ein kleiner Test wird es zeigen: die Bettkantenübung. Fragen Sie sich eine Woche lang jeden Morgen, wenn Sie auf der Bettkante sitzen: Habe ich auf das, was ich heute mache, noch genauso viel Lust wie gestern? Wenn Sie sich diese Frage mehr als dreimal mit einem Nein beantworten, wird es höchste Zeit für Sie, etwas zu ändern!

Spitzenverkäufer besitzen eine Haltung, die sie dazu bringt, Chancen zu nutzen und Erfolg zu haben. Das Selbstwertgefühl, das aus dem Wissen um ihre Fachkompetenz, ihre Erfahrungen und ihren Erfolge entsteht, erzeugt Selbstsicherheit. Diese Selbstsicherheit wiederum beeindruckt nicht nur begeisterte Kunden, sondern lässt Topverkäufer – zusammen mit ihrem Know-how – auch kritische Situationen souverän meistern. Deshalb gelingt ihnen auch in mehr Fällen ein guter Abschluss, als das bei mittelmäßigen Verkäufern der Fall ist. Denn das ist die Mentalität, die Sieger haben.

Und was macht diesen Unterschied aus? Nicht Angst bestimmt dein Handeln, nicht die Angst vor Fehlern, vor einer Blamage, vor einem Nein, vor der Ablehnung, vor dem Verlust, vor deinem Chef, vor zu hohen Zielen, vor deinem Versagen. Nein: Die Angst vor etwas Negativem funktioniert als Antrieb für das eigene Handeln nur kurzfristig. Dauerhaft kann das nicht der Push-Faktor sein, der deine Motivation als Verkäufer am Leben erhält. Deine Motivation und Souveränität, deine Selbstsicherheit und positive Energie, deine Gelassenheit und Fokussierung sind die Push-Faktoren, die dir die mentale Stärke geben, alle Hindernisse zu überwinden und aus Herausforderungen Erfolge zu machen, aus Wechselkunden treue Fans, aus einem harten Nein ein begeistertes Ja, aus mittelmäßigen Einmalabschlüssen dauerhafte Kundenbeziehungen.

Keine Frage: Auch Siegerverkäufer haben dann und wann eine Pechsträhne. Aber statt sich selbst zu bemitleiden, erinnern sie sich an die vielen Erfolge, die sie schon erzielt haben. Nicht nur als Verkäufer, sondern auch in ihrer Kindheit, Jugend, privat. Und sagen sich: Das alles habe ich geschafft. Wie groß ist die Wahrscheinlichkeit, dass ich auch diese schwierige Situation souverän meistere? Sehr groß, denn offensichtlich bin ich ein Sieger.

21. Topverkäufer fokussieren sich auf das, was geht

Wenn du nicht mit der Einstellung zu deinem Kunden fährst, dass du das beste Produkt, die beste Dienstleistung für ihn hast, dass du der beste Verkäufer mit dem besten Angebot für ihn bist – ganz ehrlich, dann kannst du gleich zu Hause in deinem Sessel hocken bleiben, mit einem Sixpack und einer Riesentüte Chips vor der Glotze abhängen und die Curling-Weltmeisterschaften auf Eurosport gucken.

Mal schauen, was sich heute ergibt – so denkt ein mittelmäßiger Verkäufer, der nicht an sich selbst und sein Angebot glaubt. Dieser Verkäufer legt sich selbst mentale Steine in den Weg zum Abschluss, blockiert sich selbst, obwohl der Kunde darauf wartet, dass er losläuft. So ein Mittelmaßverkäufer wird im besten Fall die Nummer zwei sein – aber wir wissen ja: The winner takes it all. Nur der beste Verkäufer macht den Abschluss und bekommt den Auftrag. Wollen Sie die Nummer zwei sein? Oder die Nummer eins? Wenn Sie der beste Verkäufer sein wollen, dann lautet Ihr Motto: Ich will heute meinem Kunden das Produkt verkaufen – weil ich das beste Angebot für ihn habe.

Es gibt keinen Grund, nicht an deinem Kunden dranzubleiben, selbst wenn du glaubst, dass dein Produkt nur das zweitbeste ist, dass die anderen Verkäufer das bessere Gebiet haben, dein Firmenwagen nicht repräsentativ ist, der Wettbewerb zu stark ist oder was auch immer du dir selbst an Einschränkungen auferlegst, welches ABER du gern hinterherschiebst. Keine Ausreden!

Konzentrieren Sie sich nicht auf das, was Sie angeblich behindert. Wenn sich Ihr Tunnelblick auf das richtet, was nicht geht, wird auch nicht funktionieren, was Sie vorhaben. Ändern Sie stattdessen Ihren Blickwinkel: Fokussieren Sie sich auf das, was geht! Kennen Sie diesen Spruch des französischen Schriftstellers Francis Picabia: »*Der Kopf ist rund, damit das Denken die Richtung wechseln kann.*«

LAW

21

Verschwenden Sie keine Energie darauf, sich das Hirn zu zermartern, was nicht geht, was fehlt, was schiefläuft. Suchen Sie stattdessen nach Lösungen! Konzentrieren Sie sich auf das Rennen, nicht auf die Hürden! Ändern Sie die Richtung Ihres Denkens! Topverkäufer jedenfalls haben das im Blick, was klappen könnte.

Lassen Sie deshalb auch los, was nicht Ihr Kernthema ist. Seien Sie Verkäufer – nicht ihr eigener Reiseplaner, Steuerberater, Kfz-Mechaniker, Versicherungsexperte. Das ist sicher nicht leicht, gerade dann, wenn Sie das tatsächlich alles beherrschen. Aber es ist notwendig, es loszulassen, wenn Sie der beste Verkäufer sein wollen.

Eine gute Vorbereitung und positive Grundeinstellung gibt Ihnen die innere Stärke, den Kunden überzeugen zu wollen. Dann konzentrieren Sie sich auf das, was erreichbar ist. Sagen Sie zu sich selbst: »Ich will heute meinem Kunden das Produkt verkaufen – weil ich das beste Angebot für ihn habe.« Ihr Kunde spürt, ob Sie wirkliches Interesse an ihm haben. Dann akzeptiert er auch, dass Sie abschlussorientiert sind.

 **Ihr Fokus ist das Verkaufen – nicht nur, weil Sie es können, sondern auch, weil Sie es wollen.**

22. Du bekommst, was du gibst

Wir haben schon als Kinder gelernt: Geben ist seliger denn nehmen. Das klingt nach Friede, Freude, Eierkuchen, nach Harmoniesoße, die nichts mit der Realität des Verkäuferjobs zu tun hat. Aber in ihrem Kern bleibt die Aussage bestehen. Hier eine Version, die nicht nach Weihrauch klingt: Du bekommst, was du gibst. Bringst du deinem Kunden Respekt entgegen, erntest du seinen Respekt. Bist du nur scharf auf die Provision, die dir bei einem Abschluss winkt, der Kunde ist dir aber herzlich egal, dann wird sich das Verkaufsgespräch nur noch um den Preis drehen. Und glaub mir: Daraus gehst du nicht als Sieger hervor.

Warum ist das so? Topverkäufer haben nicht das Ziel, herauszufinden, was und wie viel sie von ihren Kunden bekommen. Das ergibt sich von ganz allein, später. Die Frage, die sich Topverkäufer als erste stellen, lautet: Was kann ich meinem Kunden geben?

Als Topverkäufer denkst du niemals: Wenn ich den Kunden heute noch rumkriege, habe ich am Ende des Monats richtig guten Umsatz gemacht. Dann treibt dich die Gier nach deiner Provision an, dann hast du Eurozeichen in den Augen. Du fragst nicht danach, was dein Kunde wirklich braucht und wie du es ihm geben kannst. Und das geht auf Dauer schief, denn das hat nichts mit Respekt gegenüber dem Kunden zu tun. Im Übrigen spiegelt sich darin auch ein Mangel an Selbstwertgefühl, weil du dieses mit Umsatz und Provision verknüpfst, aber nicht mit dem Erfolg, deine Kunden zufrieden und glücklich zu machen, weil du ihnen das gibst, was sie sich wünschen.

Selbstverständlich haben Topverkäufer einen ausgeprägten Jagdinstinkt, sonst wären sie nicht Topverkäufer. Dieser Jagdinstinkt sitzt tief, er bleibt, selbst wenn sie so viel verdient haben, dass sie sich zur

Ruhe setzen könnten. Das bedeutet aber: Dieser Jagdinstinkt hat nichts mit Geld, mit Umsatz, mit Provision zu tun, sondern gründet in ihrem ureigenen Wunsch, ihren Kunden die Lösungen zu bieten, die diese für ihre Probleme suchen.

Ob kleiner oder großer Abschluss, ob A- oder C-Kunde: Topverkäufer gehen immer mit derselben Freude, Vorbereitung und Ernsthaftigkeit in Verkaufsgespräche, sie treiben denselben Aufwand, weil sie ihre Kunden ohne Ausnahme respektieren und stets auf der Suche nach der optimalen Lösung für jeden von ihnen sind.

Die einzige Voraussetzung ist, dass der Verkäufer von seinem Produkt, seinem Angebot tausendprozentig überzeugt ist. Er muss es gut finden, es mögen, er muss es sogar lieben. Denn wie überzeugt er seinen Kunden davon, wenn er selbst nicht überzeugt ist? Nur dann kann er seinem Kunden glaubwürdig vermitteln, welche Vorteile, welchen Nutzen sein Angebot bringt.

Anders formuliert: Überzeugst du deinen Kunden bei einem kleinen Abschluss, wirst du ihm mit größter Wahrscheinlichkeit erneut etwas verkaufen. Hast du deinem Kunden die passende Lösung verkauft, kauft er wieder. Und wieder. Und wieder. Ist dein Kunde von deinem Angebot überzeugt, kommt das Geld von ganz allein, ganz ohne Trick und doppelten Boden. Das wird übrigens Kundenbindung genannt …

Ergo: Konzentrieren Sie sich auf das, was Sie Ihrem Kunden geben können, auf die Lösung für sein Problem, auf den Nutzen, den Ihr Produkt stiftet. Dann kommt der Abschluss zwangsläufig von selbst. Und damit die Umsätze und letztlich auch Ihre Provision.

23. Verkäufer sind keine Verteiler

Kennen Sie Totschlag-Preisgespräche? Das klingt kriminell und so gar nicht nach optimalem Gesprächsverlauf mit einem überzeugten Kunden. Haben Sie aber so oder so ähnlich bestimmt schon selbst erlebt.

Kunde: »*Das ist zu teuer!*«
Verkäufer: »*Zu teuer – im Verhältnis wozu?*«
Kunde: »*Na, wenn ich mir andere Angebote anschaue, dann ist Ihr Preis eindeutig zu hoch!*«
Verkäufer: »*Welche Angebote meinen Sie denn genau?*«
Kunde: »*Zum Beispiel die von Unternehmen X und Firma Y.*«
Verkäufer: »*Aber das können Sie nicht vergleichen, weil wir Ihnen den besseren Service bieten. Der macht eben den Unterschied.*«
Kunde: »*Kommen Sie mir doch nicht so. Die Angebote sind doch sowieso kaum voneinander zu unterscheiden.*«

Die »Teuer-im-Verhältnis-wozu«-Taktik ist ein alter Verkäuferhut, mit dem du heute keinen Kunden mehr beeindruckst. Ganz im Gegenteil: Viele Kunden blasen jetzt erst recht zum Halali, mit dem die Preisjagd eröffnet ist. Alles, was du jetzt noch bringen kannst, sind Rechtfertigungen, die den Kunden aber nicht mehr interessieren. So beginnt die Preisspirale nach unten, denn du hast das Heft aus der Hand gegeben.

Als Verkäufer sind Sie in dieser Situation in der Defensive und können nur noch Konter fahren, aber der Ball liegt in der Hälfte Ihres Kunden. Sie müssen immer das Spiel kontrollieren, die Oberhand behalten oder zumindest zurückgewinnen. Sonst sind Sie nur ein Verteiler, aber kein Verkäufer.

Aber wie bekommen Sie die Kontrolle über diese Situation zurück? Behalten Sie, auch wenn es schwerzufallen scheint, Ihre Selbstachtung, die richtige Einstellung zu Ihrem Angebot, zu Ihrem Unternehmen, zu dem Preis, den Sie genannt haben. Das ist das Mindeste, sonst fällt nicht nur der Preis, sondern auch Ihre Glaubwürdigkeit. So nach dem Motto: Solange das Gespräch gut läuft, bin ich der Spitzenverkäufer, aber wenn mir eine frische Böe ins Gesicht bläst, verkrieche ich mich unter der Fußmatte. Kein Kunde hat Respekt vor einem Verkäufer, der gleich beim lauesten Lüftchen umfällt. Und Kunden, die keinen Respekt mehr vor Ihnen als Verkäufer haben, wechseln sofort zum Wettbewerber, sobald der einen günstigeren Preis bietet.

LAW

23

Nein, ganz im Gegenteil: Seien Sie offensiv, vermitteln Sie Ihrem Kunden, dass Sie auch angesichts seiner Einwände zu Ihrem Preis stehen – weil Sie überzeugt sind von Ihrem Angebot. Widersprechen Sie aber nicht, sondern argumentieren Sie klug, denn Sie wollen ja das Spiel bestimmen: »Stimmt. Mein Angebot ist teuer. Teuer und gut. Gut, weil …« An dieser Stelle nennen Sie die individuellen Nutzenargumente, die Sie anhand Ihrer Bedarfsanalyse entwickelt haben und die ebenso die Kaufmotive und Wünsche des Kunden berücksichtigen. Auf diese Weise führen Sie Ihren Kunden vom nackten Preis weg hin zum Preis-Leistungs-Verhältnis. Das eröffnet Ihnen größere Handlungsspielräume.

Wenn Ihr Kunde einen Experten wünscht, zahlt er eben auch für einen Experten. Sind Sie Experte?

24. Nicht gekauft hat er schon

Die Einstellung eines Menschen, seine innere Haltung ist der entscheidende Faktor dafür, dass er überragende Erfolge jenseits des Mittelmaßes erzielt. Das gilt für jeden Menschen, egal welches Alter und welchen Beruf er hat.

Bei vielen Verkäufern mangelt es aber an der Einstellung, die sie erfolgreich sein lässt. Denn sie versäumen es, sich vor jedem Verkaufsgespräch entsprechend zu programmieren. Dieses Programm hat folgenden Quellcode: Dieses Verkaufsgespräch kann gar nicht scheitern, denn nicht gekauft hat mein Kunde schon.

So wandelst du Erfolgsdruck in Erfolgszug um. Erfolgsdruck ist ein Push-Faktor, der dich zum Erfolg drängt, so als schiebt dich jemand mühsam an, Millimeter für Millimeter in Richtung Verkaufserfolg, der sich nicht von der Stelle rührt. Erfolgszug dagegen ist ein Pull-Faktor, das heißt: Wenn du deine innere Haltung anpasst, fleißig und hartnäckig bist, dranbleibst, dann wirst du attraktiv und sexy für den Erfolg. Du ziehst den Verkaufserfolg an, er kommt ganz von selbst, ohne dass du dich bewegst.

Das heißt nicht, dass du die Hände in den Schoß legen kannst. Verkaufserfolg ist nicht nur denkbar, sondern auch machbar – aber er verlangt eben auch, dass du für ihn arbeitest. Nur so kommt er zu dir.

Erfolg setzt zum einen Fleiß voraus. Langfristig überholt der Fleißige immer den Talentierten. Beide zusammen sind allerdings ein unschlagbares Dreamteam. Alle, die erfolgreich sind, berühmt und reich, haben dafür hart gearbeitet. Anders formuliert: Vor der Ernte kommt die Saat und jede Menge Feldarbeit. Keiner hat gesagt, dass es leicht wird …

Den Fleiß ergänzt zum anderen die Hartnäckigkeit. Ein Nein deines Kunden bedeutet: noch ein Impuls nötig. Nein bedeutet nicht, dass ich aufgebe, sondern dass ich jetzt erst recht weitermache. Dass ich dranbleibe. Machen statt nur wollen!

Bieten Sie Ihrem Kunden einen erstklassigen »An-ihm-dranbleiben«-Service, denn eventuell kommt nach den vielen Neins ein ganz großes Ja – und dann vielleicht noch eins und noch eins und so weiter.

So sieht die Formel für den Verkaufserfolg aus: Richtige Einstellung + Fleiß + Hartnäckigkeit = Verkaufserfolg

25. Aus Niederlagen lassen sich Chancen machen

Nur die Hälfte seines Einkommens bekommt ein Verkäufer für seine Leistung: für die Vor- und Nachbereitung von Telefon- und Besuchsterminen, für seine saubere Bedarfsanalyse, für seine Angebotspräsentationen, für sein fachliches und verkäuferisches Know-how, für seine persönlichen und sozialen Kompetenzen, für sein Outfit. Die anderen 50 Prozent seines Einkommens sind das Schmerzensgeld, das er für donnernde Neins, schroffe Ablehnung und unfreundliche Zurückweisung erhält. Einverstanden?

Im Verkauf geht es also zu einem großen Teil darum, wie viel Ablehnung und Zurückweisung ein Verkäufer ertragen kann. Darum, sich trotzdem immer wieder aufzurappeln und unbeirrt weiterzugehen. Darum, sich trotzdem immer wieder neu zu motivieren, immer wieder die Herausforderung anzunehmen. Wie ein Stehaufmännchen, das gar nicht umkippen kann, weil es den Schwung einfach aufnimmt, um sich damit wieder aufzurichten. Winston Churchill ist nicht gerade als Verkäufer berühmt geworden, aber eines seiner vielen launigen Zitate ist Verkäufern wie auf den Leib geschrieben: »*Erfolg ist die Fähigkeit, von einem Misserfolg zum anderen zu gehen, ohne seine Begeisterung zu verlieren.*«

Natürlich sind auch die besten Verkäufer nicht gegen Niederlagen gefeit. Was sie unter anderem aber von mittelmäßigen Verkäufern unterscheidet, ist ihr Umgang mit diesen Niederlagen: Sie schmollen nicht beleidigt, sie geben nicht dem Kunden die Schuld oder den Umständen und sie flüchten sich nicht in eine dunkle Ecke, um sich wie ein verletztes Tier die Wunden zu lecken. Sie stürzen sich auch nicht in riesige Selbstzweifel und stellen ihre gesamte Verkäuferexistenz infrage.

Nein, sie analysieren die Niederlage, am besten mit Unterstützung von Kollegen, Vorgesetzten und Kunden und setzen sich selbstkritisch, aber konstruktiv mit den Gründen dafür auseinander. Dieser Umgang mit Ablehnung, Zurückweisung und eigenen Fehlern – auch Lessons Learned genannt – eröffnet neue Sichtweisen auf schwierige Verkaufssituationen und damit die Chance, es das nächste Mal besser zu machen.

LAW

25

Kaltakquise, die Disziplin mit dem größten Ablehnungsfaktor, ist Kontaktsport: Je mehr Kontakt du knüpfst, desto mehr verkaufst du. Viele Kontakte bekommst du aber nur, wenn du immer weitermachst. Es ist wie beim Monopoly, wenn es mal schlecht läuft: Es wird immer wieder neu gewürfelt, du kommst immer wieder über »Los«, und das Spiel beginnt von vorn. Neue Runde, neues Glück. Also wenn du wieder mal ein Nein eingesackt hast: Staub abklopfen, Mund abputzen, Ärmel hochkrempeln und weitermachen!

Kommt ein Abschluss nicht zustande, nehmen Sie es keinesfalls persönlich! Bleiben Sie gelassen! Beliefern Sie den Kunden weiterhin mit Informationen zu Ihrem Angebot und melden Sie sich von Zeit zu Zeit bei ihm persönlich, zum Beispiel, um ihn zur Vorführung eines neuen Produkts einzuladen. Halten Sie Kontakt, bleiben Sie dran, seien Sie höflich hartnäckig! Denn wenn Sie Ihrem Kunden das Gefühl geben, dass er weiterhin ganz oben auf Ihrer Wunschkundenliste steht, dann wird aus diesem Interessenten vielleicht doch noch ein begeisterter Kunde.

Deshalb sind Niederlagen Lernschritte zum Erfolg. Misserfolge sind Wegweiser für künftige Siege. Die persönliche Einstellung ist entscheidend, die Bereitschaft, aus Niederlagen zu lernen und das Gelernte zukünftig umzusetzen. Nur wer einmal mehr aufsteht, als er hingefallen ist, wird sein Ziel erreichen. Nur der hart erarbeitete Erfolg macht dich zum Gewinner.

26. Der Pessimist ist der einzige Mist, auf dem nichts wächst

Topverkäufer haben Spaß am Verkaufen. Sie motivieren sich selbst immer wieder neu. Sie haben Selbstwertgefühl und Selbstvertrauen. Sie begegnen ihren Kunden auf Augenhöhe, respektieren und mögen sie. Topverkäufer machen aus Niederlagen Chancen und aus Chancen Erfolge. Sie sind fleißig und hartnäckig. Topverkäufer haben gute Ideen, weil sie organisiert sind.

Jaja, ist das alles supertoll, sagen Sie. Aber wie geht das? Woher nehmen Topverkäufer ihre Gewissheit und Energie? Ganz einfach: Topverkäufer schauen immer zuversichtlich in die Zukunft, denn sie sind Optimisten. Vor einem Verkaufsgespräch beispielsweise stellt sich ein Topverkäufer ganz detailliert vor, wie sein Kunde den Auftrag unterzeichnet: wie er seinem Kunden die Mappe mit dem Auftragsformular reicht, wie der Kunde sein Schreibgerät nimmt und sich über den Auftrag beugt, die paar Sekunden Stille, wenn der Kunden unterschreibt, das Kratzen des Füllers auf dem Papier, das zufriedene Lächeln seines Kunden, wenn er dem Verkäufer die Mappe mit dem unterschriebenen Vertrag zurückgibt ...

Im Verkaufsgespräch bleibt der Topverkäufer auch in kritischen Situationen gelassen, weil er positiv denkt. Denn er vertraut seinen verkäuferischen Fähigkeiten, seiner guten Vorbereitung auf das Gespräch, er denkt an seine bisherigen Abschlüsse und daran, wie diese Erfolge zustande gekommen sind. Kurz: Er hat sich positiv programmiert, und diese Programmierung wirkt weiter über ein Gespräch hinaus, weil er den Optimismus in sich verankert hat. Darauf wachsen Selbstvertrauen, Motivation und Spaß am Verkaufen. Nur der Pessimist ist der einzige Mist, auf dem nichts wächst.

Pessimisten und Optimisten trennen Galaxien, wenn es um die richtige Einstellung
beim Verkaufen geht. Ein paar Kostpro-
ben gefällig?

LAW

26

- Der Pessimist fixiert das Problem und
  kommt nicht weiter. Der Optimist analysiert die Herausforderung und gewinnt
  daraus die passende Lösung.
- Der Pessimist hat immer eine Entschuldigung. Der Optimist
  entschuldigt sich nicht, sondern hilft seinem Kunden.
- Der Pessimist fühlt sich nicht verantwortlich. Der Optimist sagt:
  »Lassen Sie es mich für Sie machen!«
- Der Pessimist ärgert sich über eine rote Ampel. Der Optimist sieht
  vor allem, dass aus Rot gleich Orange und dann Grün wird.
- Das Motto des Pessimisten ist: Eventuell gelingt es, aber es wird
  verdammt schwer. Der Optimist denkt: Es wird wahrscheinlich
  schwer, aber es ist machbar.

Als Verkäufer gewinnen Sie nur – wenn Sie an sich glauben. Streifen
Sie Ihre Verlustangst ab und eignen Sie sich die Siegermentalität von
Topverkäufern an.

27. Kunden kaufen nur von Siegern

»Ich würde mich freuen, wenn Sie uns den Auftrag erteilen würden.« Geht noch mehr Bückling? Noch mehr devotes Betteln um den Auftrag? Was viele als höfliche Formulierung verstehen – schließlich haben wir das alle ja auch so gelernt –, vermittelt dem Kunden, dass der Verkäufer in einer unterwürfigen Haltung erstarrt und dass er vom Auftrag des Kunden abhängig ist.

Befreien Sie sich von Konjunktiven und Hilfsverben wie würde, könnte, müsste, sollte. Mit Konjunktiven relativieren Sie Ihren Job, Ihre Tätigkeit, den Aufwand, den Sie getrieben haben, um nach Bedarfsanalyse, Angebotspräsentation, Einwandbehandlung und Preisgespräch zum Abschluss zu kommen. Denken Sie daran: Der Konjunktiv ist der Tod des Abschlusses!

Und dann ein lauwarmes »Ich würde mich freuen«, ein unsicheres »WENN Sie uns den Auftrag erteilen würden«. Natürlich rechnen Sie nach dem ganzen Zirkus mit seinem Auftrag, also sagen Sie das Ihrem Kunden doch auch: »Ich freue mich über Ihren Auftrag.« So einfach geht das!

Treten Sie in der Abschlussphase selbstsicher auf. Eine selbstsichere Haltung bedeutet nicht, dass Sie von Ihrem Kunden eine positive Entscheidung erwarten oder verlangen. Das wäre arrogant und unangemessen. Es bedeutet vielmehr, dass Sie an Ihr Angebot glauben, dass Sie dahinterstehen.

Wenn Sie rumeiern, bekommt Ihr Kunde den Eindruck, dass Sie nicht überzeugt sind von Ihrem Angebot. Und genau das verunsichert ihn, denn Ihr Kunde will das beste Angebot. Und das beste Angebot ist das, von dem Sie als Verkäufer 100-prozentig überzeugt sind. Also

geben Sie Ihrem Kunden die Sicherheit, die
er braucht.

LAW

27

Bleiben Sie locker und entspannt, wenn
Sie die Abschlussfrage stellen. Ihr selbst-
sicheres Auftreten ist der Spiegel Ihrer inneren Überzeugung, dass Sie das für Ihren
Kunden beste Angebot haben. Und dass Sie ihn
deshalb nicht ohne Abschluss verlassen wollen, ist
auch für Ihren Kunden pure Selbstverständlichkeit.

Seien Sie hartnäckig: Bleiben Sie dran, bis das Geschäft abgeschlossen ist. Wenn Ihren Kunden nichts mehr vom Kauf zurückhält, dann
geben Sie ihm zusätzlich Sicherheit! Am besten, Sie gratulieren ihm:
»Mensch, Herr Kunde, dann kann ich Ihnen nur noch gratulieren.
Sie haben mit uns den Partner an Ihrer Seite, den Sie gesucht haben.«

**Treten Sie auf wie ein Sieger, denn Kunden
kaufen nur von Siegern!**

28. Je höher das Grundgehalt des Verkäufers, desto weniger motiviert ist er

Wer vom Verkaufen lebt, der verkauft auch. Verkäufer, die den größten Teil ihres Einkommens aus dem variablen Anteil beziehen, müssen härter und länger arbeiten, müssen ideenreicher verkaufen, müssen überzeugender präsentieren und argumentieren. Wer durch diese harte Schule geht, den kann kein Kunde, kein Vertriebschef mehr so leicht aus den Socken hauen, den kann nichts mehr so leicht überraschen.

Verkäufer mit einem hohen Grundgehalt und kleinerer Variable tun sich dagegen schwer, denn sie kämpfen nicht so sehr um einen Kunden, um einen Auftrag. Warum auch? Selbst wenn sie einen Kunden und seinen Auftrag nicht gewinnen, müssen sie sich keine Sorgen machen, dass am Ende des Monats noch so viel Geld übrig ist. Dass der Kühlschrank leer ist. Und ein paar Euro für die Urlaubskasse bleiben allemal übrig. Solche Verkäufer müssen nicht raus aus ihrer Komfortzone, sie dehnen diese höchstens noch aus: Da kannst du schon einmal auf den Termin mit einem B-Kunden verzichten, den Feierabend vorziehen und ein paar Bierchen an der Hotelbar zischen.

Nicht falsch verstehen: Sollen sie ihr vorgezogenes Feierabendbierchen trinken! Sollen diese Mittelmaßverkäufer den Weg des geringsten Widerstandes gehen und Dienst nach Vorschrift machen! Aber zu erwarten, dass sie die größten, treuesten und besten Kunden bekommen, das ist ein absurder Wunschtraum. Denn um diese Kunden zu bekommen, müssten sie ihren Allerwertesten aus dem Sofa stemmen und richtig durchstarten.

Aber wer jeden Tag diesen Druck spürt,
Geld nach Hause bringen zu müssen, um
die Familie zu ernähren, wer am Ende des
Monats im wahrsten Sinne des Wortes
den Lohn für seine harte Arbeit auf dem
Kontoauszug sieht, der verkauft nicht nur,
weil er das Verkaufen als Pflicht betrachtet.
Wer dauerhaft die notwendige Motivation für
erfolgreiches Verkaufen aufbringt, der macht das aus
Berufung, nicht nur, weil es ein Nullachtfünfzehn-Job ist. Der verkauft, weil er verkaufen will.

LAW

28

Das Verkaufenwollen heißt: Ein guter Verkäufer nutzt jede Chance
zum Akquirieren und Verkaufen. Ein guter Verkäufer kennt nur zwei
Stühle: den im Auto und den beim Kunden. Ein guter Verkäufer
weiß, dass er beraten muss, um zu verkaufen. Beraten ist für ihn ein
notwendiger Schritt im Verkaufsprozess, aber kein Selbstzweck.

Diese Verkäufer wollen verkaufen – und sie müssen es auch. Deshalb
bekommen sie die größten, treuesten und besten Kunden.

29. Verkaufen kannst du nur das, hinter dem du stehst

Du kannst als Verkäufer dauerhaft nur Erfolg haben, wenn du hinter deinem Produkt, deiner Dienstleistung, deinem Unternehmen und seiner Marke stehst. Nur wenn du dich damit absolut identifizierst, weißt du, warum du jeden Tag auf der Piste bist, warum du unzählige Neins schluckst und trotzdem weitermachst, warum du dich von weiblichen Firewalls abwimmeln lässt und trotzdem dranbleibst, warum du jeden Tag Termine mit Neukunden vereinbarst, warum du die Extrameile für deine Kunden gehst. Warum du dich immer wieder neu motivierst.

Denn unterm Strich läuft es immer auf dasselbe hinaus: Du kannst nur das verkaufen, von dem du absolut überzeugt bist – dein Produkt, dein Unternehmen und dich selbst! Wie sonst überzeugst du deinen Kunden, wenn du nicht selbst überzeugt davon bist? Wie sonst kannst du deine Kunden entzünden, wenn du nicht selbst Feuer und Flamme bist für das, was du ihm anbietest? Wie sonst kannst du deine Kunden mitreißen, wenn du nicht selbst begeistert bist von deinem Angebot?

Dazu gehört auch die Identifikation mit dem Kunden – oder genauer mit seinem Bedarf und seinen Bedürfnissen. Das heißt nicht, dass Sie einen Rollenwechsel vollziehen, nicht, dass Sie in die Haut Ihres Kunden schlüpfen. Ja, Sie betrachten Ihr Angebot mit den Augen des Kunden, um die Vorteile und den Nutzen für ihn herauszuarbeiten, um an seine Kaufmotive anzuknüpfen. Aber nein, Sie gehen nicht in der Person Ihres Kunden auf, weil Sie dann die professionelle Distanz zu ihm verlieren, die Sie brauchen, um zu verkaufen. So weit darf die Identifikation nicht gehen, sonst übernehmen Sie die Entscheidungszwänge, denen Ihr Kunde unterliegt: enge Budgets, Termindruck, geringe Verantwortungsspielräume, Positionierung und Prestige im Unternehmen. Dann machen Sie die Sache Ihres Kunden zu Ihrer eigenen – und verlieren den Abstand, den Sie immer benötigen, um die Interessen Ihres Unternehmens und Ihre eigenen Interessen glaubwürdig zu vertreten.

Verkaufen Sie deshalb auch keine überteuerten und/oder mangelhaften Produkte, hinter denen Sie nicht stehen. Machen Sie keinen Kuhhandel mit Dienstleistungen, die Sie selbst nie kaufen würden. Zeigen Sie stattdessen Größe und verzichten Sie als Verkäufer auf Angebote, die Ihnen wie Mogelpackungen erscheinen. Das ist auch in Ihrem eigenen Interesse: Wenn Sie einen guten Bestandskunden mit solch einem Produkt enttäuschen, leidet Ihre Glaubwürdigkeit als Verkäufer in Ihrer Branche enorm. Denn ein verärgerter Kunde macht seinem Zorn gern gegenüber Kollegen und Geschäftspartnern Luft – und diese negative »Werbung« verbreitet sich wie ein Lauffeuer.

Wenn Sie von Ihrem Angebot, Ihrem Unternehmen und sich selbst überzeugt sind, dann wissen Sie auch, wie Sie souverän mit ätzenden Kunden umgehen: Wenn Ihnen ein Kotzbrocken, Profilneurotiker, Arroganzling oder Psychopath gegenübersitzt, der seine vermeintliche Macht als Kunde Ihnen gegenüber ausspielen will, dann steigen Sie aus diesem Spiel aus. Sie müssen sich nicht alles gefallen lassen, um Umsatz zu machen. Sie haben den Respekt Ihres Kunden verdient, weil Sie ihm ebenso mit Respekt begegnen und bereit sind, alles für ihn zu tun, solange er auch Ihre Grenzen achtet.

30. Verkaufen ist nicht beraten

Nein, das ist kein Irrtum. Nein, das ist auch kein Tippfehler. Sie haben richtig gelesen: Verkaufen ist nicht beraten. Gute Verkäufer sind keine Berater. Aber wenn ein Verkäufer nicht berät, wie kann er dann ein guter Verkäufer sein?

Um diese Frage zu beantworten, ist es notwendig, sich das Vorgehen eines typischen Verkaufsberaters genauer anzuschauen: Nehmen wir an, Verkaufsberater Müller sitzt bei seinem Kunden Huber. Müller hat den Bedarf seines Kunden sauber analysiert, hat ihm ein passendes Angebot präsentiert und Hubers Einwände souverän aus dem Weg geräumt. Auch der Preis ist geklärt, denn Müller hat seinem Kunden überzeugend dargestellt, welchen Nutzen, welchen Mehrwert das Angebot für Huber hat.

Müller hat alles richtig gemacht, er biegt mit Huber auf die Zielgerade ein, der Abschluss ist zum Greifen nah. Doch statt zum Schluss-Spurt anzusetzen, baut Müller auf den letzten Metern Hürden auf, die so hoch sind, dass Huber sie nicht überspringen kann. Und auch nicht will.

Was ist passiert? Müller erkennt die Kaufsignale seines Kunden nicht, weil er der Überzeugung ist, mit der Beratung sei seine Aufgabe erfüllt. Huber nickt schon während der Angebotspräsentation zustimmend, er stellt präzise Nachfragen nach dem After-Sales-Service, seine halbherzigen Einwände lässt er schnell fallen, er will wissen, wie schnell das Produkt geliefert werden kann – und schickt jede Menge anderer Kaufsignale in Müllers Richtung. Aber der ignoriert diese Signale hartnäckig, denn er glaubt, dass es reicht, seinen Kunden umfassend zu informieren, damit dieser eine Kaufentscheidung treffen kann. Er schiebt eine weitere Detailinformation zu seinem Produkt hinterher, dann noch eine und noch eine und noch eine …

Statt den Sack zuzumachen, ersäuft Müller seinen Kunden in Fachwissen – nach dem Motto »Fachidiot schlägt Kunden tot«. Huber steigt entnervt aus dem Verkaufsgespräch aus: »Vielen Dank für die umfassende Beratung, ich melde mich dann wieder bei Ihnen!« Sie ahnen es: Huber meldet sich natürlich nicht mehr bei Müller.

Topverkäufer machen an der Stelle weiter, an der Müller aufhört, ein Verkäufer zu sein, denn Topverkäufer wissen: Mündige, gut informierte Kunden sind noch lange keine Käufer! Topverkäufer motivieren ihre Kunden, eine Kaufentscheidung zu treffen – alles andere ist Beratung. Da trennt sich die Spreu vom Weizen. Der Unterschied liegt im Selbstverständnis von guten Verkäufern: Beratung ist ein wichtiger Baustein im Verkaufsprozess, keine Frage. Aber zu viel davon bedeutet, den Kunden zu überfordern, weil er mit der Kaufentscheidung allein gelassen wird.

Dein Kunde braucht deine Unterstützung, deine Begleitung – auch und gerade in der Abschlussphase. Als guter Verkäufer hörst du nicht beim Beraten auf. Du überlässt deinem Kunden nicht allein die Kaufentscheidung, denn du bist ja überzeugt, das beste Angebot für deinen Kunden zu haben. Also gib ihm die Sicherheit, die er benötigt, um ein gutes Gefühl zu haben, wenn er seine Unterschrift unter das Auftragsformular setzt!

 **Wer seine Kunden nur beraten will, zwingt sie, beim Wettbewerber zu kaufen!**

31. Verkäufer sind keine Bittsteller

Starke Verkäufer betrachten das Verhältnis zu einem Kunden als gleichwertige, von gegenseitigem Respekt geprägte Partnerschaft, die weit über den Abschluss hinausreicht und dauerhaft Bestand hat. Sie begegnen ihren Geschäftspartnern auf Augenhöhe und sie gehen nicht als Bittsteller ins Gespräch, behandeln ihre Kunden aber auch nicht wie Umsatz- und Provisionskühe, die sich widerstandslos melken lassen.

Die Siegermentalität von Spitzenverkäufern zeigt sich unter anderem darin, dass sie authentischen, glaubwürdigen Respekt vor anderen haben. Nicht den unterwürfigen Respekt von devoten Bücklingen, »Der-Kunde-hat-immer-recht«-Jasagern, obrigkeitshörigen Buchhaltern und grauen Mittelmaßverkäufern. Sondern den selbstbewussten Respekt, der dem Gegenüber signalisiert: Ich respektiere dich – also respektier mich ebenso!

Wer diese Kunst beherrscht, der zittert auch nicht bei einem Kundentermin beim Vorstand wie das Kaninchen vor der Schlange. Und wer denselben Respekt, den er vor allen anderen hat, auch für sich selbst aufbringt, der kleidet sich angemessen und zeigt seine Wertschätzung dem Kunden gegenüber in Höflichkeit, Ehrlichkeit, Wertschätzung und Glaubwürdigkeit.

Spitzenverkäufer strahlen diesen selbstbewussten Respekt vor sich selbst und ihren Kunden aus. Und deshalb begegnen ihnen Kunden auch mit dem Respekt, der eine echte Business-Partnerschaft erlaubt. Spitzenverkäufer streben diese Konstellation an, denn aus ihr entstehen eine langlebige Kundenbeziehung und ein tiefes Kundenvertrauen, die sich mit Cross- und Upselling und Empfehlungsmarketing im wahrsten Sinne des Wortes auszahlen.

In der Bittstellerrolle hingegen lässt sich ein mittelmäßiger Verkäufer frühzeitig vom Kunden in verheerende Preisverhandlungen zwingen. Rabatt- und Konditionsschlachten sind die Folge. Einmal Nachlass, immer Nachlass – ein Ausstieg aus der Preisspirale nach unten ist ausgeschlossen.

LAW

31

Nicht nur das: Auch der Respekt des Kunden vor dem Verkäufer – sofern er überhaupt jemals bestand – geht unwiederbringlich flöten. Warum soll dein Kunde auch Respekt vor dir haben, wenn du den Eindruck vermittelst, dass du nicht von deinem Angebot überzeugt bist. Dass du dich nicht mit deinem Unternehmen identifizierst. Wenn du keinen Funken Preisstolz signalisierst.

So entsteht auch keine dauerhafte Kundenbindung. Ein Kunde, der dich nicht respektiert, betrachtet dich im besten Fall als billigen Lieferanten. Als Bittsteller gibst du ihm keinerlei Anlass, dir Wertschätzung entgegenzubringen. Und wenn dein Wettbewerber ihm einen günstigeren Preis macht, dann löscht er ganz schnell deine Kontaktdaten aus seiner Lieferantenliste. Kundenloyalität gegenüber Bittstellerverkäufern? Träum weiter!

Selbstbewusste Spitzenverkäufer, die Respekt ausstrahlen und erwarten, sind attraktiv und ziehen gute Kunden an. Für Bittsteller gilt dagegen: Einmal Hausmeister, immer Hausmeister!

32. Kopfkino hilft, souverän ins Verkaufsgespräch zu gehen

Wie bereiten Sie sich mental auf Ihre Verkaufsgespräche vor? Sie programmieren Ihr Navi, um rechtzeitig bei Ihrem Kunden zu sein? Das ist sowas von selbstverständlich, dass es das Papier nicht wert ist, auf dem Sie diesen Satz gerade lesen. Sie überfliegen noch einmal die Infos über den Kunden aus Ihrer Datenbank und Ihre eigenen Notizen? Schon besser, aber immer noch absoluter Standard. Sie checken Ihr Outfit: Schuhe sauber? Krawatte sitzt? Ordentliche Unterlagen? Das ist das Tüpfelchen auf dem i, aber ohne den Hauptstrich, ohne den das Tüpfelchen nix wert ist. Wobei – mit der Generation Y wird die Krawatte wahrscheinlich bald aussterben …

Topverkäufer visualisieren ein bevorstehendes Verkaufsgespräch wie einen Film, für den sie das Drehbuch selbst schreiben und als Regisseur hinter der Kamera stehen. Sie drehen diesen Film in ihrem Kopf am Tag vor dem Gesprächstermin. Szene für Szene, Einstellung für Einstellung. Dieser Film trägt den Titel: »Wie ich das Verkaufsgespräch optimal führe und erfolgreich zum Abschluss bringe«.

Ein Spitzenverkäufer sieht sich selbst, wie er das Firmengebäude des Kunden betritt, wie er seinen Kunden begrüßt, mit welchem Satz er auf ihn zugeht. Er stellt sich vor, wie sich der Händedruck des Kunden anfühlt. Er geht vor seinem inneren Auge die Eröffnungsphase durch, die er sofort mit der Startfrage einleitet: »Mal angenommen, Herr Kunde, ich kann Sie hier und heute davon begeistern, dass wir für Sie der richtige Partner sind, haben wir Sie dann als neuen Kunden gewonnen?« Er sieht, wie sein Kunde ihn kurz verblüfft anschaut, und hört ihn dann amüsiert lachen. Sympathiepunkte!

Der Spitzenverkäufer dreht die weiteren Stationen des Verkaufsgesprächs souverän ab: Bedarfsanalyse, Nutzenargumentation, Ein-

wandbehandlung, Preisgespräch, Zahlungs-
modalitäten, Abschlussfrage, Unterschrift,
Händeschütteln und Verabschiedung.

LAW

32

Was das Ganze soll? Walt Disney kann
Märchen besser erzählen? Moment mal:
Das ist kein Drehbuch, das in Beton gegossen
ist, an das sich Regisseur, Kamera, Schauspieler
und das ganze Filmteam drumherum sklavisch hal-
ten müssen. Mit diesem Film im Kopf verschafft sich der Verkäufer die
Sicherheit im Auftreten, die er braucht, um für Überraschungen im
Verkaufsgespräch gewappnet zu sein: ein anderer Entscheider als der,
mit dem er verabredet war, zusätzliche Gesprächspartner, mit denen
er nicht gerechnet hat, weniger Zeit für das Gespräch als zunächst
veranschlagt, sein Kunde lässt ihn warten … Sie kennen diese und
ähnliche Situationen.

Gerade dann, wenn alles doch ganz anders kommt als angenommen,
ist es wichtig, flexibel und angemessen zu reagieren. Spontaneität ist
ja wunderbar. Wirklich flexibel sind Sie aber nur, wenn Sie ein Drehbuch haben, das die Handlungsstränge vorgibt und Ihnen Platz lässt
für Improvisation in einzelnen Szenen.

Seien Sie clever: Drehen Sie den Film für Ihr Kopfkino nicht erst auf
dem Weg zum Kunden, auch nicht morgens beim Rasieren vor dem
Spiegel. Machen Sie sich Ihren Blockbuster schon am Abend vor Ihrem Termin, denn dann träumen Sie auch vom Abschluss.

33. Ohne Hausaufgaben keine Blockbuster

Um als Drehbuchautor und Regisseur deinen Blockbuster fürs Kopf-kino zu drehen, musst du erst deine Hausaufgaben gemacht haben. Das ist der Filmstoff, aus dem erfolgreiche Verkaufsgespräche gemacht sind. Die Hausaufgaben sind dabei die absoluten Info-Basics, die du über deinen Kunden und sein Unternehmen draufhast, wenn ein Ge-sprächstermin ansteht:

- Wie schauen die betriebswirtschaftlichen Daten seines Unter-nehmens aus? Welche Rechtsform hat es? Ist es ein Familien-unternehmen?
- Wie groß ist sein Unternehmen? Wie ist es organisiert? Hat es Niederlassungen?
- In welcher Branche ist es tätig? Ist das die einzige Branche? Was ist seine Zielgruppe?
- Wo steht das Unternehmen am Markt? Wer sind die Wett-bewerber? Welche meiner Wettbewerber hat Kontakte zu dem Unternehmen?
- Wer ist mein Gesprächspartner? Kenne ich seinen vollen Namen? Welche Funktion/Position hat er im Unternehmen? Welche Kompetenzen und Entscheidungsspielräume hat er?
- Wo war er vorher?
- Wofür interessiert er sich? Was freut ihn, was macht ihn stolz? Welche Hobbys hat er? Wann ist sein Geburtstag? Hat er gerade geheiratet oder ist er Vater oder Opa geworden?
- Hat er eine eigene Website? Ist er bei Facebook, LinkedIn oder XING? Haben wir gemeinsame Kontakte, die ich nutzen kann?

Das ist alles selbstverständlichstes Verkäuferhandwerk. Wenn du das nicht beherrschst und/oder keine Lust auf Recherche hast, dann kannst du den Termin gleich knicken. Und deinen Beruf kannst du auch an den Nagel hängen. Wer nicht bereit ist, dieses Mindestmaß an Vorbereitung zu erfüllen, der muss sich ernsthaft fragen, was er da eigentlich macht.

LAW

33

Fakten über das Kundenunternehmen und den Gesprächspartner/Entscheider zu sammeln, ist unabdingbare Voraussetzung für deine Gesprächsstrategie, die auf den Gesprächspartner zugeschnitten ist. Inklusive der passenden Verkaufstechniken. Gerade bei Großkunden, im Investitionsgüterbereich – dort also, wo viel Umsatz winkt – ist die intensive Vorbereitung Detektivarbeit: Wie sind die Entscheidungswege im Kundenunternehmen? Wer sind die informellen Einflussnehmer? Wer ist für mich im Unternehmen, wer ist gegen mich? Trifft ein Einzelner die Entscheidungen oder ein Gremium?

Vergessen Sie dabei aber nicht Ihre Bestandskunden. Die verdienen nicht weniger Aufmerksamkeit als wichtige Neukunden. Je mehr Sie von Ihren Bestandskunden wissen, desto enger wird deren Bindung an Sie und Ihr Unternehmen sein. Das Wissen über Ihre Kunden gehört zu den vertrauensbildenden Maßnahmen, denn Sie gehen ganz individuell auf Ihre Gesprächspartner bei Ihren Bestandskunden ein – und sei es, dass Sie diesen zum Geburtstag eine persönliche, handgeschriebene Geburtstagskarte schicken. Eine sehr sympathische, weil aufmerksame Geste! Vertrauensbildende Maßnahmen stärken die Beziehung zwischen Ihnen und Ihren Bestandskunden. Und cleveres Beziehungsmanagement bedeutet eine starke Kundenbindung.

 **Topverkäufer gehen mit breiter Brust in den Gesprächstermin: Ich liefere eine Spitzenleistung ab, wenn ich beim Kunden aussteige, denn ich habe meine Hausaufgaben gemacht und mich perfekt mental auf das Verkaufsgespräch vorbereitet.**

34. Keine Angst vor dem Telefon

Deine Hand wird auf einmal zu Blei. Die Tasten des Telefons sind plötzlich mikroskopisch klein. Der Telefonhörer ist 30 Kilo schwer. Deine Hand fühlt sich an wie Pudding, sodass du den Hörer kaum greifen, geschweige denn hochheben und am Ohr halten kannst. Schon einmal erlebt? Gehörst du zu den Verkäufern, die lieber eine halbe Stunde kalt duschen, statt 30 Minuten kalt am Telefon zu akquirieren?

Warum machen sich so viel Verkäufer fast in die Hose vor dem Anruf bei einem potenziellen Kunden? Das Telefonat mit der besseren Hälfte zu Hause oder mit den Kollegen ist so easy, dass es nicht der Rede wert ist. Aber wenn ein neuer Kunde am anderen Ende der Leitung droht, wird selbst das Wählen zur übermenschlichen Willensanstrengung.

Dabei ist das Telefon unbestritten das schnellste, effizienteste und flexibelste Instrument der Neukundengewinnung. Wenn es um hohe Schlagzahlen geht, ist das Telefon mit Riesenabstand vor anderen Tools wie Direktmailings oder Kaltakquisebesuchen erste Wahl. Kein anderes Instrument lässt so viele Kontakte in so wenig Zeit mit so wenig Aufwand zu.

Insbesondere für die Terminvereinbarung ist das Telefon unverzichtbar. Richtig: Im telefonischen Terminvereinbarungsgespräch hast du nur wenige Minuten Zeit, um den Kunden auf deine Seite zu bringen. Du musst ihn schnell von dem Nutzen überzeugen, den er von einem Termin mit dir hat. Und das, obwohl dir nur deine Stimme, deine Wortwahl und deine Argumente zur Verfügung stehen. Das bedeutet wiederum, dass du allein an der Stimme deines Kunden, an seinem Tonfall und an seinen Formulierungen erkennst, wie er drauf ist, wie er tickt, wie seine Laune ist.

Das ist schon höhere Verkäuferkunst. Aber du stehst ja auf Herausforderungen oder etwa nicht? Auch hier gilt: Ohne Hausaufgaben läuft nix, außer deiner Nase. Eine gezielte, auf den Kunden individuell abgestimmte Vorbereitung ist das Nonplusultra des Terminvereinbarungsgesprächs.

LAW

34

Bevor Sie seine Nummer wählen, sammeln Sie Fakten über Ihren Kunden und sein Unternehmen: Größe, Marktposition, Zielgruppe, Wettbewerber in der Branche, Position und Entscheidungsspielräume des Gesprächspartners und andere Daten. Die Basics halt, Verkäuferhandwerk. Dann schaffen Sie eine angenehme Gesprächssituation für sich selbst – und für Ihren Gesprächspartner:

- Sorgen Sie für ruhige Umgebung beim Telefonieren – vermeiden Sie Straßenlärm, laute Kollegen, Radio, Essensgeräusche und andere Störfaktoren.
- Mit einem Headset bewegen Sie sich ganz frei, reden mit den Händen und bringen Ihre ganze Persönlichkeit ein. Sie werden staunen, wie viel besser und kreativer Sie im Stehen telefonieren.
- Lächeln Sie, sprechen Sie locker und aufgeschlossen, aber immer deutlich und bestimmt.
- Konzentrieren Sie sich auf die positiven Aspekte Ihres Kunden, die Sie vorab recherchiert haben, und auf die positiven Eindrücke, die schon während des bisherigen kurzen Telefonats entstanden sind, zum Beispiel seine freundliche Begrüßung. So vermeiden Sie, Ihren Kunden nach seiner Stimme, seiner Aussprache oder seinem Dialekt zu beurteilen.

Diese Vorbereitung gibt Ihnen die Sicherheit, die Sie brauchen, um Ihren potenziellen Kunden anzurufen, ohne dass Sie nach dem Telefonat gleich das Hemd oder die Bluse wechseln müssen. Zusammen mit den passenden Strategien für den Einstieg bei der Assistentin und beim Entscheider sowie für die Einwandbehandlung haben Sie es selbst in der Hand, locker und souverän potenzielle Kunden regelmäßig anzurufen und qualifizierte Termine zu akquirieren.

35. Die Assistentin ist keine unüberwindliche Hürde

Vorzimmerdrache. Weibliche Firewall. Zugbrücke in die Burg des Chefs. Abfangjäger. Graue Eminenz. Abteilungssirene. Xanthippe. Für kaum eine Mitarbeiterin im Unternehmen gibt es so viele mehr oder weniger freundliche Synonyme wie für die Assistentin des Vorstands, Geschäftsführers, Abteilungs-, Projekt- oder Teamleiters.

Auch für Verkäufer kann sie zu einem unüberwindbaren Bollwerk werden. Aber nicht für die, die sich auf das Akquisetelefonat vorbereiten und sich dabei auch eine passende Gesprächsstrategie für das Vorzimmer überlegen. Denn die Assistentin ist eine berechenbare Größe. Entscheidend ist, dass du sie von deiner Sympathie und/oder von deiner Wichtigkeit überzeugst. Sympathie bedeutet zweierlei: dass du ihr im Telefonat sympathisch bist und dass sie deine Sympathie für sich spürt. Wichtigkeit heißt: dass du für ihren Chef so wichtig bist, dass sie dich durchstellt, weil sie sonst eins auf den Deckel bekommt. Für Assistentinnen gilt ebenso wie für deine Kunden: Hast du sie als Mensch für dich gewonnen, gewinnst du sie auch für deine Sache!

Sympathiestrategie: Gewinnen Sie die Assistentin für eine Zusammenarbeit, solidarisieren Sie sich mit ihr. Loben Sie die Assistentin als die Zeitmanagementexpertin ihres Chefs: »Frau …, Sie kennen den Terminkalender von Herrn … doch besser als er selbst, hab ich recht? Damit wir uns nicht wieder verpassen, lassen Sie uns doch zusammen einen Termin finden, an dem ich ihn ans Telefon bekomme. Wie schaut es denn am Dienstag um 10 Uhr aus?«

Wichtigkeitsstrategie 1: Dieser Einstieg beeindruckt die Assistentin, denn Sie bringen Ihr Anliegen sofort auf den Punkt: »Guten Tag, Frau … Verbinden Sie mich bitte mit Peter Müller. Seien Sie so freundlich und sagen Sie ihm, dass … am Telefon ist!« Sprechen Sie zügig, klar und unmissverständlich, ohne zu stammeln oder sich zu verhaspeln, dennoch freundlich und verbindlich. Ihr Selbstbewusstsein ist so deutlich für die Assistentin, dass es aus ihrem Hörer tropft.

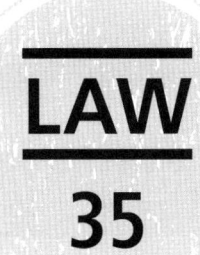

Wichtigkeitsstrategie 2: Sie vermitteln der Assistentin den Eindruck, dass es sich bei dem Anruf um eine so dringende Angelegenheit handelt, dass sie keinerlei Aufschub duldet: »Bitte legen Sie Herrn ... doch eine Notiz auf den Tisch. Mein Name ist ... Es geht um ...« Fragen Sie die Assistentin nach der besten Gelegenheit, wann ihr Chef am besten zu erreichen ist oder – besser noch – schlagen Sie selbst einen Termin vor!

Wichtigkeitsstrategie 3: Sprechen Sie die Assistentin an, als sei sie die Entscheidungsperson. Stellen Sie ihr eine Frage, die natürlich nur der Entscheider beantworten kann, weil dafür spezielles Know-how notwendig ist. Da die Assistentin die Frage nicht beantworten kann, bleibt ihr nichts anderes übrig, als Sie mit ihrem Chef zu verbinden.

Diesen Strategien widerstehen nur sehr resolute Assistentinnen.

 **Egal, welche Strategie Sie wählen: Fragen Sie immer nach der Durchwahlnummer des Chefs!**

36. Ein starker Einstieg ist die halbe Miete

Weibliche Firewall erfolgreich bezwungen? Dem Abfangjäger geschickt ausgewichen? Vorzimmerdrache heroisch erlegt? Nun steht die nächste Prüfung im Kaltakquisetelefonat an: ein starker Einstieg in das Gespräch mit dem Gesprächspartner, dem Entscheider, den Sie an die Strippe kriegen wollen, Ihr Tor zum Neukundenunternehmen, Ihr Schlüssel zu einer langfristigen Kundenbeziehung mit hübschen Umsätzen. Wecken Sie die (Neu-)Gier Ihres Kunden, indem Sie ihn mit einem originellen Aufhänger überraschen. Ihr Gesprächspartner wird es Ihnen danken. Und nennen Sie so früh wie möglich ein konkretes Terminangebot.

Verkäufer: *»Guten Tag, Herr Kunde, das ist ein Akquiseanruf.«* (Verkäufer schweigt: 21, 22, 23 …)
Kunde (lacht): *»Sie machen mir ja Spaß! Worum genau geht es denn?«*
Verkäufer: *»Gut, dass Sie danach fragen, Herr Kunde. Für Sie bringe ich es direkt auf den Punkt: Ich will Sie als neuen Kunden gewinnen. Wie sieht es denn am … aus?«*

Mit so einem Einstieg rechnet Ihr Kunde nun wirklich nicht. So verblüfft er auch ist: Den Lacher haben Sie auf Ihrer Seite. Seien Sie direkt, offen, ehrlich, authentisch, kein Geschwafel, kein Taktieren, keine Worthülsen! Das mag Ihr Kunde, und deshalb wird er offen sein für Ihr Terminangebot.

Hier drei andere Beispiele:
- »Herr Kunde, mein Name ist … Wir kennen uns noch nicht persönlich, und das will ich gern ändern. Mein Terminangebot für Sie ist …«
- »Herr Kunde, Sie stehen auf meiner Wunschkundenliste ganz oben. Bei einem persönlichen Kennenlernen will ich gern heraus-

LAW 36

finden, ob wir für Sie der geeignete Partner im Bereich … sind. Mein Terminangebot für ein persönliches Gespräch ist …«

- »Herr Kunde, für Sie komme ich schnell zur Sache: Wenn Sie das nächste Mal über eine neue Software nachdenken, wollen wir bei Ihnen auf Platz eins sein. Mein Terminangebot für Sie ist …«

Wichtig: Entwickeln Sie Ihre eigenen Einstiegsformulierungen, die vor allem zu Ihrer Verkäuferpersönlichkeit passen. Authentizität und Glaubwürdigkeit sind die entscheidenden Faktoren, wenn am Ende Ihres Kaltakquisetelefonats ein fixer Besuchstermin stehen soll.

Übrigens: Wenn Sie trotz intensiver Recherche nicht den Namen des Entscheiders herausbekommen haben, dann hilft Ihnen der Verkäuferschlüssel. Mal angenommen, Ihr Ansprechpartner arbeitet bei einem Autohersteller: Sie rufen zunächst in der Telefonzentrale an: »Schönen guten Morgen, hier ist der Martin Mustermann. Sagen Sie mal, wer ist denn Ihr Key-Accounter für den Raum München? Ich brauche einen Namen. Es geht um …« Wenn Sie dann den Key-Accounter am Hörer haben, machen Sie so weiter:

Verkäufer: *»Hallo Herr Huber, hier ist der Martin Mustermann. Ist das richtig, dass Sie auch im Vertrieb bei Mercedes sind und Key-Accounter für den Raum München?«*
Kunde: *»Ja.«*
Verkäufer: *»Herr Huber, mal von Verkäufer zu Verkäufer, Sie wissen ja selber, dass es in der heutigen Zeit nicht mehr so leicht ist … Wer ist denn in Ihrem Haus das Maß aller Dinge, wenn es um das Thema … geht?«*

»Mal von Verkäufer zu Verkäufer« ist dabei die entscheidende Schlüsselformulierung, weil Sie Ihrem Gesprächspartner damit signalisieren: Wir sind Kollegen, wir sind auf Augenhöhe. Du und ich, wir sind beide Experten, die ihren Job beherrschen.

37. Nie ohne Einwandstrategie ins Akquisetelefonat

Es gibt nur etwa ein Dutzend typischer immer wiederkehrender Einwände – davon sind die meisten über alle Branchen hinweg gleich:

- Kein Interesse!
- Keine Zeit!
- Kein Geld!
- Überleg ich mir nochmal.
- Kein Bedarf!
- Rufen Sie später nochmal an!
- Schicken Sie mir Unterlagen/Prospekte!
- Wir haben bereits einen Lieferanten.
- Macht bei uns der Zentraleinkauf/das Buying Center.

Die meisten dieser Einwände gehören zum Standardrepertoire der Abwimmelungsversuche von Entscheidern in Kaltakquise- und/oder Terminvereinbarungstelefonaten. Das sind echte Dauerbrenner – Klassiker geradezu. Ohne Einwandstrategie in ein Kaltakquisetelefonat zu gehen, ist deshalb so, als würdest du jahrelang nur in der Badewanne trällern, aber auf einmal in der Mailänder Scala Opernarien schmettern wollen. Natürlich ist es nötig, dass du dich gezielt auf diese Einwände vorbereitest, und zwar nicht nur allgemeine Konter formulierst, sondern solche, die auf den Entscheider, sein Unternehmen, die Branche passen. Denken Sie daran: Sie haben nur Ihre Stimme, Ihre Wortwahl und Ihre Argumente, um den Entscheider in wenigen Minuten vom Nutzen eines persönlichen Termins zu überzeugen. Hier ein paar Strategien, die sich bewährt haben, wenn der Entscheider einen Verkäufer schnell am Telefon loswerden will.

Der Topschlüssel und der Universalschlüssel sind die Allzweckwaffen unter den Einwandkillern: »Herr Kunde, schon meine Großmutter

hat gesagt: ›Ich schaue mir jedes, jedes An-
gebot an! Es könnte ja das Angebot mei-
nes Lebens sein!‹ Prüfen Sie uns jetzt!
Wie sieht es nächste Woche Donnerstag
mit einer Tasse Kaffee aus?« Oder: »Herr
Kunde, unser Gespräch hat auf jeden Fall
zwei Vorteile für Sie: Entweder bekommen
Sie die Bestätigung, dass Ihr jetziger Lieferant
Sie gut versorgt, oder Sie bekommen eine bessere
Lösung für die Zukunft. Mein Terminangebot ist …«

LAW

37

Auch der Spezialschlüssel lässt sich in vielen Situationen einsetzen:
»Herr Kunde, es wäre doch wie ein Sechser im Lotto, wenn Sie sa-
gen könnten, dass Sie auf mich und unser Produkt Ihr Leben lang
gewartet hätten. Nach einem Gespräch mit mir kennen Sie die sechs
Richtigen, die Zusatzzahl und die richtige Lösung für Ihren Bereich.
Mein Terminangebot ist nächste Woche Donnerstag.«

Der Dietrich passt gut bei hartnäckigen Neinsagern. Sie zeigen ihm,
dass Hartnäckigkeit eine Ihrer hervorstechenden Verkäufereigen-
schaften ist: »Herr Kunde, Sie machen es mir nicht leicht. Sie wollen
bestimmt testen, ob ich wirklich ein guter Verkäufer bin, ob ich an
Ihnen dranbleibe und wirklich Interesse an Ihnen habe. Beides kann
ich mit einem Ja beantworten. Ich bin einer der Besten bei uns und
ich habe auch ein starkes Interesse daran, Sie als neuen Kunden zu
gewinnen. Und den Test habe ich doch bestimmt bestanden – einverstanden? Wie sieht es denn nächste Woche Dienstag bei Ihnen aus?«

Mit dem Spiegelschlüssel laden Sie Ihren Gesprächspartner zu einem
kleinen Gedankenexperiment ein, in dem er als Vertriebschef gefragt
ist: »Herr Kunde, stellen Sie sich folgende Situation vor: Einer Ihrer
besten Verkäufer sagt Ihnen, dass er einen Kunden hat, der ganz oben
auf seiner Wunschkundenliste steht. Dieser Kunde wehrt sich aber
vehement gegen einen persönlichen Gesprächstermin. Was würden
Sie Ihrem Verkäufer empfehlen? Aufgeben oder höflich hartnäckig
dranbleiben? Ich habe mich für Letzteres entschieden. Wie sieht es
denn nächste Woche mit einem persönlichen Kennenlernen aus?«

38. Ohne Vorbereitung auf das Verkaufsgespräch läuft nix – außer der Nase

Nichts ist unprofessioneller als ein schlecht vorbereiteter Verkäufer. Jeder, der unergiebige Meetings mit dem Chef, im Team oder auch mit Kunden selbst miterlebt hat, weiß: Unvorbereitet in einen Termin zu gehen, ist »wasted time«, weggeworfene Zeit. Aber was noch schwerer wiegt: Wer als Verkäufer nicht gewappnet ist, wirkt unsicher. Der Kunde spürt diese Unsicherheit, und das hat immer Konsequenzen für die nachfolgenden Preisverhandlungen. Das geht immer zulasten deiner Umsätze und Margen. Bist du da nicht voll auf der (Augen-) Höhe mit deinem Kunden, stehst du unter Rechtfertigungsdruck. Du wirst in die Defensive gedrängt, du kannst nur noch Rückzugsgefechte leisten, aber die Initiative kannst du nicht zurückgewinnen.

Was also für die gewissenhafte Vorbereitung von Akquiseanrufen und Erstterminen bei potenziellen Neukunden gilt, gilt erst recht für Telefonate und Verkaufsgespräche mit einem Bestandskunden. Selbst wenn Sie sich beide schon jahrelang kennen, echte Sympathie und ein grundlegendes Vertrauen zwischen Ihnen herrscht: Machen Sie Ihre Hausaufgaben gründlich und ernsthaft! Lassen Sie gar keinen Zweifel daran aufkommen, dass Sie einen Kompetenzcheck seitens Ihres Kunden bestehen.

Bevor Sie die Nummer Ihres Kunden wählen oder zu ihm fahren, bereiten Sie sich vor! Lesen Sie die bisherige Korrespondenz mit ihm und Ihre Notizen aufmerksam durch und bringen Sie sich mit der Kundendatei auf den neuesten Stand! Lassen Sie die bisherigen Kontakte mit Ihrem Kunden vor Ihrem inneren Auge Revue passieren: Was habe ich gemacht? Was ist gut gelaufen? Denn was einmal bei diesem Kunden gut gelaufen ist, läuft auch ein zweites Mal gut.

Schreiben Sie sich genau auf, wie Sie bisher vorgegangen sind, und bleiben Sie konsequent in dieser Haltung gegenüber Ihrem Kunden. Wenn Sie Ihre Verkaufs- und Gesprächsstrategie im folgenden Termin um 180 Grad ändern, kommt Ihrem Kunden das im allerbesten Fall spanisch vor. In der Regel aber wird er diesen Widerspruch bemerken und daraus Profit schlagen wollen. Selbstverständlich klammern Sie sich nicht krampfhaft an Details. Bewahren Sie sich die nötige Flexibilität, um auch auf veränderte Verhandlungssituationen souverän zu reagieren.

Nächster Punkt: Legen Sie Ihre Gesprächsstrategie fest. Überlegen Sie, wie Sie zusammen mit dem Kunden eine individuelle Lösung erarbeiten und ihn konsequent zum Abschluss führen: Was erwartet der Kunde? Wie tickt er? Notieren Sie sich, mit welchen Argumenten Sie ihn überzeugen und mit welchen Einwänden Sie rechnen müssen.

Mit welchen Verkaufstechniken gehen Sie in die Preisverhandlungen und in die Abschlussphase? Gerade dann, wenn Sie schwierige Preisverhandlungen erwarten, machen Sie sich im Vorfeld Ihre Preisziele klar: Was ist das Maximum? Wo liegt das absolute Minimum? Womit kann ich meinem Kunden entgegenkommen, wenn Preisnachlässe für mich keine Option sind?

Auch das gehört zur professionellen Vorbereitung: Klären Sie schon im Vorfeld ab, ob an der Angebotspräsentation mehrere Personen teilnehmen. Warum? Um jedem Ihrer Gesprächspartner ein Exemplar Ihres Angebots, ein Muster oder Werbegeschenk mitzubringen. Denn es ist peinlich, wenn ein Gesprächspartner leer ausgeht.

 **Von zehn Misserfolgen im Verkauf sind neun auf mangelnde Vorbereitung zurückzuführen.**

39. Wer zu spät kommt, der bestraft sich selbst

Nie zu spät zu einem Termin kommen! Klar, das haben wir schon als Kinder gelernt: Pünktlichkeit ist eine Tugend. Der Respekt gegenüber deinem Kunden gebietet es, zum vereinbarten Zeitpunkt an Ort und Stelle zu sein.

Für Verkäufer gilt aber noch viel mehr als für andere Jobs: Wer zu spät kommt, den bestraft das Leben. Kommst du mit Rückstand zum Ersttermin, dann ist dieser Kunde für dich verbrannt. Zumindest dieser Entscheider. Denn was soll er von dir halten, wenn du beim ersten Treffen nicht einmal pünktlich erscheinst? Null Zuverlässigkeit, Glaubwürdigkeit futsch, Auftrag weg. Noch schlimmer: Das ist eine Steilvorlage für den Wettbewerber, denn du hast für diesen die Bahn freigemacht.

Natürlich gibt es widrige Umstände: Verkehrschaos, Stau, Blitzeis, rote Ampeln, dämliche Autofahrer, Unfälle – Gründe gibt's wie Sand am Meer, aber keine Entschuldigungen. Dafür gibt's Navis, Verkehrs- und Wetterberichte und andere Vorhersage-Tools. Also komm deinem Kunden nicht mit Ausreden! Das gilt ohne Ausnahme.

Machen Sie es stattdessen wie der Pilot eines großen Fliegers. Zu seiner Routine bei jedem Start gehören umfassende, detaillierte Checks. Und das vor jedem Flug – immer wieder, Hunderte, Tausende Mal. So oft, dass es dem Piloten schon in Fleisch und Blut übergegangen ist. Immer wieder geht er vorher in Ruhe die anstehende Route durch. Immer wieder schaut er sich sein Flugzeug an.

Klar, da geht's ja auch um die Sicherheit von Hunderten von Menschen und nicht nur um einen Termin. Keine Frage. Aber ist das ein Argument dafür, die Zügel schleifen zu lassen und die Fahrt zum

Kunden nicht zu planen? Den ersten notwendigen Schritt zu einem erfolgreichen
Verkaufsgespräch stattdessen dem Zufall
zu überlassen?

**LAW
39**

Seien Sie zum Beispiel mindestens eine
Stunde vor einer Produktpräsentation bei
Ihrem Kunden. Wenn Sie für Ihre Präsentation
etwas aufbauen müssen – Notebook, Beamer, Pro-
duktbeispiele –, dann sorgen Sie dafür, dass Sie vorher in den Raum
dürfen, in dem die Produktpräsentation stattfindet. Nur wenn Sie alles in Ruhe vorbereiten, bekommen Sie ein Gefühl dafür, wie eng
oder offen der Raum ist, wie hell oder dunkel Ihre Präsentation sein
muss. Auch hier gilt: Eine gewissenhafte Vorbereitung zeigt Ihre Professionalität.

Ganz und gar unprofessionell dagegen wirkt es, wenn Sie Ihr Notebook vor den Augen Ihres Kunden hochfahren und Sie ihn zum
nervenaufreibenden Warten verdonnern, bis Sie endlich bereit sind.
Geht's noch peinlicher?

Nichts darf dich davon abhalten, dich auf deinen Kunden, das Verkaufsgespräch und den Abschluss zu konzentrieren. Alles ist tipptopp
vorbereitet, damit du voll für deinen Kunden da sein kannst. Diese wenigen Handgriffe im Vorfeld sind kinderleicht, bedeuten wenig
Aufwand, aber sie haben eine starke Wirkung. Denn sie signalisieren
deinem Kunden nicht nur Professionalität, sondern auch Zuverlässigkeit.

Zusammen mit Ihren Hausaufgaben – Fakten sammeln und Gesprächsstrategie – und Ihrer mentalen Vorbereitung – Programmierung auf den Verkaufserfolg – bildet diese praktische Vorbereitung auf
einen Termin das Fundament Ihres Verkaufserfolgs. Die Basis dafür,
dass Sie sich selbst in die Verfassung bringen, in der Sie der beste Verkäufer sind, der Sie sein wollen.

40. Hartnäckigkeit führt erfolgreiche Verkäufer zum Ziel

Es werden in diesem Land mehr Aufträge und Abschlüsse verpasst, als dass sie gemacht werden. Der Grund ist: Die meisten Verkäufer geben beim Kunden zu früh auf. Es mangelt ihnen an Durchhaltevermögen, Motivation, Begeisterungsfähigkeit, Disziplin, Willen. Es fehlt ihnen der Biss, es noch einmal zu versuchen. Und noch einmal. Und noch einmal. Sie lassen sich zu früh entmutigen. Sie prallen am Nein ihres Kunden ab und bleiben liegen, statt wieder aufzustehen und weiterzugehen. Kurz: Mittelmäßigen Verkäufern fehlt der lange Atem, die Ausdauer, dranzubleiben.

Der schlimmste Platz, den ein Verkäufer bei seinen Kunden haben kann, ist das unprofilierte Mittelfeld, das sogenannte Mittelmaß. Wie spannend: mittelmäßiges Angebot, mittelmäßige Präsentation, mittelmäßige Preise, mittelmäßige Abschlüsse, mittelmäßige Provision, mittelmäßige Kunden. Mittelmaßverkäufer eben. Noch Fragen?

Dabei wissen wir doch alle: Die beiden Hauptgaranten für Wachstum sind zum einen Neukunden zu akquirieren, zum anderen den Umsatz mit Bestandskunden mit Cross- und Upselling auszubauen. Und beim Nein des Kunden fängt der Verkauf erst an. Nein heißt: noch ein Impuls nötig. Aufgeben ist keine Option! Als Verkäufer ist das Einzige, was du aufgeben kannst, ein Brief oder Päckchen. Das Ziel – den Abschluss – im Blick zu haben und dabei höflich hartnäckig zu bleiben, ist der einzige Weg, dauerhaft erfolgreich zu sein als Verkäufer.

Kunde: »Herr Verkäufer, das geht mir zu schnell, Sie sind mir zu hartnäckig!«
Verkäufer: »Herr Kunde, danke für das Kompliment! So, wie ich mich jetzt dafür einsetze, Sie als neuen Kunden zu gewinnen, so werde ich auch immer für Sie da sein, wenn Sie mich brauchen! Herr Kunde, ist es für

Sie wichtig, einen starken Verkäufer an Ihrer Seite zu haben?«

LAW
40

Wenn Sie als Verkäufer nicht mindestens einmal pro Woche von einem Kunden hören, Sie seien zu hartnäckig, dann haben Sie noch Luft nach oben. Dazu gehört auch der Mut, die Bereitschaft, noch mehr zu probieren als bisher, die Grenzen weiter zu verschieben. Manchmal musst du als Verkäufer etwas wagen, ohne genau einschätzen zu können, wie die Sache endet. Aber wenn du nicht an deine Grenzen gehst, woher weißt du dann, wo sie überhaupt liegen?

Beispiel: Sie haben trotz sorgfältiger Vorbereitung und bester Performance bis zum Ende des Telefonats Ihr angestrebtes Ziel, zum Beispiel einen persönlichen Ersttermin, nicht erreicht. Resignieren Sie nicht! Sondern führen Sie eine kurze Potenzialanalyse mit dem Kunden durch, denn nur so qualifizieren Sie ihn. Beenden Sie das Gespräch höflich und legen Sie den Kontakt auf Wiedervorlage! Nehmen Sie später mit positiver Einstellung und höflicher Hartnäckigkeit einen neuen Anlauf! Bleiben Sie dran!

Wenn du nicht einmal pro Woche von deinen Kunden hörst, du seist zu hartnäckig, hast du noch (Abschluss-)Luft nach oben.

Sei dein eigener Marken-botschafter

41. Wer nicht auffällt, fällt weg

Du wirst als Experte in deiner Branche, als Verkäufer in deinem Verkaufsgebiet nur überleben, wenn du die Nummer eins bist. Dein Motto ist: Ich bin die kleinste Nummer – die Nummer eins.

Willst du Erfolg haben, machst du dir einen Namen in der Branche, in der du unterwegs bist. Achtung, steile These: Du bist weniger für deine fachliche Qualifikation bekannt als für deinen Namen. Der Ruf, der dir vorauseilt, entscheidet – nicht, dass du zur Fraktion »Fach-idiot-schlägt-Kunde-tot« gehörst.

Produktmerkmale-Aufzähler, Detailpedanten, Marathonberater mit ausgeprägtem Hang zum Info-Overkill, Abschlussvermeider, Laber-taschen, die ihren Kunden nicht zuhören, sondern diese zuquat-schen – ihr alle glaubt, euch als Experten bei euren Kunden beliebt zu machen. Aber eure Fachkompetenz ist nicht das, was eure Kun-den brauchen. Kunden wollen Verkäufermarken, die Authentizität, Glaubwürdigkeit und Begeisterung transportieren. Und was ist die persönlichste, authentischste Marke? Deine stärkste Marke ist dein Eigenname!

»Mein Name ist Martin Limbeck, *der* Martin Limbeck.« Wenn Sie sich so vorstellen – ob am Telefon oder persönlich –, geben Sie Ih-rem Gesprächspartner die Chance, Ihren Namen zweimal zu hören. Und Sie verschaffen sich einen zusätzlichen Sympathiebonus, weil er auch Ihren Vornamen kennt. Persönlicher geht's kaum. Das macht Eindruck.

Woran sollen Menschen spontan denken, wenn Sie Ihren Namen hö-ren? Positionieren Sie sich als Experte für das, was Ihnen liegt. Also nicht als personifizierte Bedienungsanleitung, als Produktzettelvertei-

ler und Folienfetischist, sondern als Experte, der den individuellen Mehrwert, Benefit, Nutzen seines Angebots glaubwürdig
und mit Begeisterung vermittelt. Damit
werden Sie zur Marke.

**LAW
41**

Spezialisieren Sie sich auf dem Gebiet, in
dem Sie richtig gut sind, und legen Sie sich
einen klar definierten Kundenkreis zurecht. Ihre
Kunden und Kollegen werden Sie weiterempfehlen, wenn Sie klar
kommunizieren, wofür Sie stehen. Nutzen Sie den Drang Ihrer begeisterten Kunden, mit guten Kontakten anzugeben. Motto: »Ich hab
da einen Klasse-Verkäufer an der Hand, der ist eine echte Marke!«
Betreiben Sie Mund-zu-Mund-Propaganda. Denn Sie wissen ja: Es
gibt kein günstigeres und effektiveres Marketing als das Empfehlungsmarketing.

Knüpfen Sie aktiv Kontakte, indem Sie zum Beispiel Mitglied in Ver-
bänden und Vereinen Ihres Fachgebiets werden. Schauen Sie auch
regelmäßig auf Ihre Social-Media-Plattformen wie XING, Facebook
und Twitter. Das ist Öffentlichkeitsarbeit: Je mehr Menschen von Ihrer Arbeit erfahren, desto mehr »Publicity« bekommen Sie. Das gilt
noch mehr, wenn Sie sich in sozialen Initiativen engagieren. Sie tun
Gutes? Dann sprechen Sie doch darüber!

Und wer hat auf lange Sicht nun mehr Erfolg? Ein mittelmäßiger Verkäufer, der eine starke Marke mit Strahlkraft besitzt? Oder ein starker
Verkäufer mit einer durchschnittlichen Marke? Die Antwort dürfte
klar sein. Aber auch das kann getoppt werden: starker Verkäufer mit
starker Marke. Das ist eine unschlagbare Kombination. Also: Werden
Sie der beste Verkäufer und machen Sie sich zur unverwechselbaren
Marke!

42. Finde dein Markenzeichen

Jeder Spitzenverkäufer hat seine Uniform. Damit sind nicht etwa Schulterklappen, Baretts, Orden und andere militärische Accessoires gemeint. Auch nicht die Berufskleidung der Polizei, der Feuerwehr und des medizinischen Notdienstes. Aber wir alle erkennen sofort Offiziere, Feuerwehrleute und Sanitäter an ihren unverwechselbaren Unterscheidungsmerkmalen: an ihren Outfits und an ihrem Auftreten.

Richtig: Verkäufer tragen auch eine Art Uniform. Im besten Fall einen gut sitzenden Markenanzug, der auch nach langen Autofahrten einen knitterfreien Auftritt beim Kunden zulässt. Aber das ist für sich allein noch kein klares Unterscheidungsmerkmal, kein »Point of difference«. Dazu brauchst du ein Erkennungszeichen, das dich einzigartig macht. Das im Kopf deiner Kunden und Kollegen sofort eine Assoziationskette auslöst: »Der Müller, der Peter Müller, das ist doch der mit dem Montblanc-Füller, auf dem ›Verkäufer aus Leidenschaft‹ steht! Kennst du den?«

Also: Wodurch setzen Sie sich von anderen Verkäufern ab? Woran werden Sie wiedererkannt? Was macht Sie unnachahmlich? Was sind Ihre liebenswerten kleinen Marotten, die Sie sympathisch machen? Da fällt Ihnen auf Anhieb nichts ein? Dann fragen Sie Ihre bessere Hälfte, Ihre Kollegen, Ihre Freunde, Ihren Chef. Hier ein paar Beispiele, die Ihnen sicher auf die Sprünge helfen:

Larry Winget ist ein amerikanischer Persönlichkeitscoach, der immer im Holzfällerhemd und Mantaletten auf die Bühne kommt und sein Publikum schräg von der Seite anmacht: »You know what? You all piss me off!« Klar, so ein Auftritt eignet sich nicht für Verkäufer, insbesondere nicht beim Ersttermin. Aber genauso klar ist: Unter allen amerikanischen Persönlichkeitscoaches – und von denen gibt's so viele wie Sand am Meer – sticht Larry Winget zweifellos hervor. Provokation ist eben sein Markenzeichen: »Halt den Mund, hör auf zu heulen und lebe endlich« ist nur einer seiner Buchtitel. Die Bezeichnung »Pitbull of Personal Development®« hat er sich schützen lassen. Wenn das keine klare Positionierung ist!

Karim Hashemi berät unter anderem American Express. Hashemi führt Verkaufsgespräche, wie sie im Lehrbuch stehen. Einstieg, Bedarfsanalyse, Angebotspräsentation, Nutzenargumentation, Einwandbehandlung, Preisgespräch – alles top, der Kunde folgt ihm ohne Zögern. Doch dann das: Statt seinen Kunden konsequent über die Ziellinie, zum Abschluss zu führen, sagt er am Ende jedes Termins: »Jetzt schlafen Sie noch einmal eine Nacht darüber. Und wenn Sie morgen ein gutes Gefühl haben und der Meinung sind, dass ich der richtige Vermögensberater für Sie bin, dann rufen Sie mich an.« Was glauben Sie, von wem Hashemi am nächsten Tag einen Anruf bekommt? Sein Markenzeichen ist die Verzögerungstaktik, die bei seinem Kunden das Habenwollen nur noch verstärkt, das Gefühl, dass nur dieses Angebot das passende sein kann. Aus einer eklatanten Schwäche vieler mittelmäßiger Verkäufer hat Hashemi sein einzigartiges Merkmal gemacht. Aber das funktioniert nur, weil er mit seinem Auftreten, mit seiner Marke, seiner fachlichen Kompetenz, seiner Begeisterungsfähigkeit die Kunden schon für sich gewonnen hat, bevor er auf die Ziellinie abbiegt.

Holger Brillhaus, ein guter Bekannter von mir, begrüßt seine Kunden am Telefon immer so: »Guten Tag, Herr Kunde, hier ist Holger Brillhaus, der Highlander des Verkaufens – es kann nur einen geben!« Was bleibt bei diesem Claim hängen? Brillhaus = Highlander = der einzig wahre Verkäufer. Also funktioniert Markenbildung auch über einen peppigen, unverwechselbaren Slogan. Übrigens ist der Highlander auch unsterblich.

43. Wer sich als Experte positioniert, ist im Kopf seiner Kunden die Nummer eins

Wir alle sind absoluter Reizüberflutung ausgesetzt. Mehrere Tausend Werbebotschaften prasseln täglich auf uns ein, wir werden unaufhörlich mit »Nimm mich!«, »Kauf mich!«, »Du brauchst mich!« und anderen Aufforderungen bombardiert. Und so geht's natürlich auch deinen Kunden. Was also tun, um nicht in der Masse der Angebote unterzugehen? Was tun, damit du dich vom Wettbewerber und seinen Verkäufern unterscheidest? Und noch mehr: Was tun, damit im Kopf deiner Kunden ein bestimmtes Produkt sofort mit deinem Namen und dem deines Unternehmens verknüpft wird?

Im Kopfkino Ihrer Kunden kommen Sie auf den ersten Platz, wenn Sie sich als Experte positionieren. An welches Produkt denken Sie, wenn Sie am Tisch um die Suppenwürze bitten? Sie Papiertaschentücher kaufen? Diese Liste ließe sich natürlich ewig weiterführen. Entscheidend ist: Genau wie Ihre Produkte verkaufen Sie auch sich selbst als Nummer eins.

Halten Sie Vorträge über Ihr Fachgebiet und veröffentlichen Sie regelmäßig Artikel in Fachzeitschriften. Beginnen Sie mit kleineren Blättern und steigern Sie sich. Medien mit größerer Reichweite folgen dann von ganz allein. Schicken Sie Ihre Veröffentlichungen und die Presseartikel, in denen über Sie berichtet wird, regelmäßig an Ihre Stammkunden. Effekt dieser Selbst-PR: Sie bestätigen die Einschätzung Ihrer Kunden, dass Sie ein anerkannter Experte sind. Mit dieser Sicherheit fällt es Ihren Kunden leicht, Sie bei jeder Gelegenheit weiterzuempfehlen.

Eine andere starke, weil wirkungsvolle Maßnahme ist der »Vorvertrauensbrief«: Wenn Sie Ihrem potenziellen Kunden den zweiten Besuchstermin per Brief bestätigen, legen Sie Referenzen zufriedener Stammkunden bei. Selbstverständlich informieren Sie diese Referenzkunden darüber, dass Ihr potenzieller Kunde bei ihnen anrufen könnte. Und wenn er es tut, dann liegt die Abschlusswahrscheinlichkeit bei 100 Prozent.

LAW

43

Tun Sie Gutes und erzählen Sie Ihren Kunden davon! So werden Sie zur Nummer eins in den Köpfen Ihrer Kunden.

44. Keine Expertenpositionierung ohne Social Media

Was machen Sie, um sich bekannt zu machen, außer Artikel in Fachzeitschriften zu veröffentlichen? Wer sich heute einen Namen machen will, kommt um Social Media nicht mehr herum.

Social Media ist schon längst mehr als die allseits bekannten Facebooks und Twitters dieser Welt. Für jeden, der was zu sagen hat, für jede Zielgruppe, für jedes Thema, für jeden Zweck gibt es heute schon die geeignete Online-Kommunikationsplattform: Schreiben Sie in Foren zu Ihrem Thema, in Gruppen bei XING, LinkedIn, Facebook und Co, veröffentlichen Sie Präsentationen bei SlideShare, drehen Sie kurze Videos, zum Beispiel Kundenbefragungen, in denen Ihre Kunden über Sie erzählen, und laden Sie sie bei YouTube hoch, schreiben Sie kurze Artikel für die »Huffington Post«, publizieren Sie bei Scribd oder issuu – und, und, und.

Sie können auch einen Verkäufer-Blog führen? Sie haben doch etwas zu sagen – nicht nur fachlich, was Ihre Branche und Ihre Produkte betrifft. Sie sind doch auch und vor allem Verkaufsexperte mit viel Know-how und viel Erfahrungen. Berichten Sie davon! Was für den Verkäuferberuf gilt – dem Kunden erst etwas geben, dann können Sie auch nehmen –, gilt in der Social-Media-Welt genauso. Also geben Sie den Lesern Ihres Blogs interessanten, informativen, unterhaltsamen Content. Der Lohn – Ihr Prestige als Experte – kommt im Lauf der Zeit ganz von selbst.

Ob Beiträge in Foren und Gruppen, ob YouTube-Videos, ob Blogs oder auch Newsletter im E-Mail-Marketing: Content schlägt immer platte Werbung. Und teure Anzeigenkampagnen brauchen Sie auch nicht, denn die Möglichkeiten der Online-PR sind heute fast unbegrenzt: Es gibt unzählige kostenlose Presseportale, darunter auch einige Branchen- und Themenportale, in denen Sie Ihre Artikel veröffentlichen können.

LAW 44

Aber denken Sie daran: Auch Social Media akquirieren keine Kunden, das müssen Sie schon selbst in die Hand nehmen. Denn: Die Akquise ist der Espresso, Empfehlungsmarketing der Schaum und Social Media ist das Kakaopulver auf dem Cappuccino.

Die Neuen Medien und modernen Kommunikationsplattformen bieten Ihnen enorme Chancen, sich als Experte einen Namen zu machen und sich eine starke Position gegenüber Wettbewerbern zu sichern. Nutzen Sie daher die ganze Klaviatur des Online-Marketings und der Online-PR!

45. Empfehlungen sind die stärkste Akquisemaßnahme

Begeistert du deine Kunden, bist du eine Marke und hast dich als Experte in der Branche positioniert, wirst du zu einem unwiderstehlichen Magneten. Nicht nur für deine Kunden selbst, sondern auch für die Geschäftspartner, Freunde, Kollegen deiner Kunden.

Weil deine begeisterten Kunden die fleißigsten Empfehlungsgeber sind, kommen neue Kunden direkt auf dich zu – ohne, dass du überhaupt irgendetwas dazu getan hast. Akquise, Marketing, PR? Das kannst du dann getrost vergessen! Das hast du hinter dir gelassen, weil Mund-zu-Mund-Propaganda stärker und wirksamer ist als die cleversten Marketingmaßnahmen und ausgeklügeltsten PR-Kampagnen, als jede noch so smarte Kaltakquise vor Ort oder am Telefon.

Eine Empfehlung ist nicht nur das schönste Kompliment für einen Verkäufer. Sie ist auch die günstigste und effektivste Art der Neukundenakquise – ein roter Teppich, der dich direkt ins Büro deines potenziellen Neukunden führt. Du hast es nicht nötig, jemandem zu erklären, dass du ein hervorragender Verkäufer bist, denn das übernehmen ja deine begeisterten Kunden für dich. Dadurch schießt deine Glaubwürdigkeit durch die Decke. Du erhältst einen Vertrauensvorschuss, der härter ist als jeder Beton.

Denn wer Sie weiterempfiehlt, ist 100-prozentig davon überzeugt, dass Sie auch für den Geschäftspartner Ihres Kunden ein unwiderstehliches Angebot haben. Ihr Kunde will seinem Geschäftspartner, Freund und Kollegen ja etwas Gutes tun – mit Ihrem Know-how, Ihrer Authentizität, Ihrer Professionalität, kurz, er empfiehlt nicht nur Ihr Angebot, sondern auch – und vor allem – Ihre Persönlichkeit.

Zum anderen will Ihr Kunde ja auch gut dastehen vor seinem Geschäftspartner, Kunden, Kollegen. Sie sind das Tool, mit dem sich Ihr Kunde profilieren kann. Das klingt nicht gerade sexy für Sie, keine Frage. Aber sehen Sie es mal so: Ihr Kunde kann sich nur profilieren, wenn er 100 Prozent Vertrauen in Sie setzt. Und er will sich sicher nicht vor seinem Geschäftspartner, Kunden, Kollegen blamieren. So sind Sie bei Ihrem neuen Interessenten schon vor dem ersten Kontakt vorverkauft.

LAW

45

46. Mund-zu-Mund-Propaganda ist kein Selbstläufer

Wenn du glaubst, Mund-zu-Mund-Propaganda und Empfehlungen sind das unbegrenzt gültige Allround-Ticket für den Eintritt ins Verkäufer-Schlaraffenland, dann hast du dich gewaltig geschnitten. Es gibt kein Patentrezept für ein Verkäuferleben, in dem glückliche Kunden an deiner Tür kratzen, dir deine tollen Produkte und Dienstleistungen aus der Hand reißen und so für deine dicken Provisionsschecks sorgen.

Am Anfang steht hier ausnahmsweise nicht das Wort, sondern die Tat. Von nix kommt nix. Banal, aber wahr. Wie überall gilt auch: Erst die Arbeit, dann das Vergnügen. Erst fleißig und hartnäckig akquirieren, dann den Dranbleiben-Service für deine Kunden durchziehen, und erst dann, wenn du deine Bestandskunden begeistert hast, dann tröpfeln die ersten Empfehlungen. Und wenn Sie diese Mund-zu-Propaganda nicht dem Zufall überlassen wollen, dann fragen Sie Ihre Kunden gezielt nach persönlichen Empfehlungen. Das heißt, Sie fragen Ihren Kunden, ob er jemanden kennt, dem er Sie und Ihr Angebot ohne zu zögern empfehlen kann. Topverkäufer fragen jederzeit nach Empfehlungen – ganz selbstverständlich, einfach und direkt.

Der Mittelmaßverkäufer hingegen fragt – wenn überhaupt – erst, nachdem sein Kunde unterschrieben hat. Die Frage nach einer Empfehlung führt vielleicht dazu, dass es sich sein Kunde anders überlegt mit dem Auftrag … Klarer Fall von Angst essen Empfehlung auf. Dann murmelt er zögerlich: »Ich würde mich freuen, wenn Sie mich weiterempfehlen würden.« Jetzt mal Klartext: Warum sollte ein Kunde einen solchen Angsthasen weiterempfehlen?

Bauen Sie Fragen zur Empfehlung frühzeitig ins Gespräch ein: »Herr Kunde, wenn Sie davon überzeugt sind, dass unsere Produkte genau das Richtige für Sie sind, wollen Sie dann auch andere Kollegen davon profitieren lassen?« So haben Sie frühzeitig eine verbindliche Absprache zu einer Empfehlung Ihres Kunden getroffen. Ihr Kunde wird sich nicht überrumpelt fühlen, wenn Sie zu einem späteren Zeitpunkt darauf zurückkommen. Und Sie geben ihm Zeit, sich bis dahin zu überlegen, welcher Geschäftspartner, Kollege, Freund ebenso von Ihrem Angebot profitiert.

Aber diese Art des aktiven Empfehlungsmanagements bringt auch Verantwortung mit sich: Bekommen Sie eine Empfehlung, sind Sie verpflichtet, dieser auch nachzugehen. Ihr Kunde, der diese Empfehlung ausgesprochen hat, ist zu Recht enttäuscht, wenn Sie es ignorieren. Warum? Sie zeigen ihm so, wie viel Sie von seinem Tipp halten – und damit auch von ihm selbst. Nämlich nichts. Das ist nicht nur ein Eigentor, sondern ein Platzverweis.

Deshalb gilt: Informieren Sie Ihren Empfehlungsgeber unverzüglich darüber, wie sein Geschäftspartner, Kollege, Freund reagiert hat. Denn er wird nach einiger Zeit selbst bei ihm nachhaken. Spätestens aber, wenn Sie ihn wieder besuchen, wird er natürlich fragen, was aus seiner Empfehlung geworden ist. Und dann erstatten Sie Bericht, sonst haben Sie aus einem begeisterten schnell einen enttäuschten Kunden gemacht.

Ein selbstbewusstes, diszipliniertes und sensibel gehandhabtes Empfehlungsmanagement öffnet Ihnen Türen, an denen Sie sonst nicht einmal klopfen.

47. Kleinigkeiten bedeuten nicht viel – sie bedeuten alles

Jedem einzelnen Kunden zum Geburtstag gratulieren? Meinem Auftraggeber zum Abschluss eine edle Flasche Wein schenken? Eine kleine Aufmerksamkeit zu Weihnachten? Jaja, schon klar: Compliance. So what? Da, wo es geht, tun wir es, oder? Eine überraschende Karte für meinen Kunden zur Geburt seines Kindes? Glückwünsche zum Einzug ins neue Haus? Da kann ich ja gleich einen Gratulations- und Geschenkeservice aufziehen. Kostet nur Zeit und Geld. Ist doch nervig, sich ständig neue Präsente auszudenken. Und außerdem: Was hat das überhaupt mit meinem Job zu tun?

Wer so denkt und diese Aufmerksamkeiten für seine Kunden für überzogen hält, hat Folgendes nicht kapiert: Kleinigkeiten im Verkauf bedeuten nicht viel – sie bedeutet alles. Zu besonderen Anlässen an seine Kunden nicht nur zu denken, sondern es auch zu zeigen, ist ein wesentlicher Baustein professionellen Beziehungsmanagements. Mit persönlichem Interesse auch am privaten Leben Ihrer Kunden machen Sie enorm Sympathiepunkte. So werden Ihre Kunden zu begeisterten Kunden und zu Ihren Fans.

Das funktioniert aber nur, wenn Ihr Geschenk, Ihr Glückwunsch von Herzen kommt. Ihre Kunden haben ein feines Gespür dafür, wenn Sie wie ein mittelmäßiger Verkäufer Standardgratulationen als Lippenbekenntnisse absondern.

Beispiel »Weihnachtskarte«: Hans Schmidt fährt zu seinem Bürodiscounter und kauft die Weihnachtskarten im 25er-Pack und das viermal, denn ab 100 Stück gibt's noch einmal einen Rabatt. 100 Mal dasselbe billige Design und derselbe langweilige Text. Immerhin verschickt er Weihnachtskarten, denken Sie? Okay. Aber was glauben Sie, tun seine Kunden, wenn Sie die Karte aus dem Postfach fischen?

Umschlag aufreißen, Karte kurz überfliegen und ab in den Papierkorb. Da bleibt beim Kunden nix hängen außer: »Mühe hat der sich keine gegeben. Hätte er sich auch sparen können.«

Machen Sie es besser! Gestalten Sie Ihre individuelle Weihnachtskarte. Lassen Sie zumindest Ihren Namen nicht drucken, sondern unterschreiben Sie Ihre Karte persönlich! Noch besser: Schreiben Sie den kompletten Kartentext mit der Hand! Sie betreuen 127 Kunden? Na, dann wissen Sie, dass Sie sich Mitte Dezember einen Tag freischaufeln!

Diese Kleinigkeiten machen den Unterschied. Den Unterschied zwischen Nullachtfünfzehn-Customer-Relationship und aufmerksamer Kundenbetreuung nach dem 4-M-Prinzip: Man muss Menschen mögen. Sie sind keine Verkaufsmaschine. Sie sind ein Mensch, der auch Produkte verkauft. Also zeigen Sie Ihre persönliche Seite!

48. Wer an das Geld anderer Leute will, muss selbst nach Geld aussehen

Stellen Sie sich mal Folgendes vor: Sie sind ein mittelständischer Unternehmer in der Druckerbranche und haben mit dem Vertreter eines Druckmaschinenherstellers einen Ersttermin vereinbart, weil Sie Ihr Digitaldruckangebot erweitern wollen und dafür geeignete Maschinen benötigen. Sie sind gespannt, was Ihnen der Außendienstmitarbeiter als Angebot präsentiert, weil der Maschinenhersteller in der Branche einen guten Ruf hat. Sie beobachten von Ihrem Fenster aus, wie ein Pkw in Ihren Hof fährt. Es kann sich nur um den Vertreter handeln, das Kennzeichen lässt darauf schließen. Das Auto sieht aus, als hätte sein Fahrer abseits der Straße die Geländegängigkeit seines Fahrzeugs testen wollen ... Nur mit Mühe identifizieren Sie die Farbe. Hm, denken Sie sich, warten wir mal ab, ist ja auch ein Sauwetter. Zwei Minuten später steht der Kollege vor Ihnen: schlecht sitzender Anzug von der Stange, darüber ein verknitterter Regenmantel, die Schuhe brauchen auch neue Sohlen, an einigen Stellen ist das Leder abgewetzt.

Sie geben nicht viel auf Äußerlichkeiten, denn schließlich wollen Sie ja eine Maschine und nicht den Außendienstmitarbeiter kaufen? Okay. Dann weiter. Der Kollege macht seinen Koffer auf. Der ist auch nicht mehr ganz taufrisch, um es freundlich zu formulieren. Der Vertreter nimmt seine Verkaufsunterlagen heraus: Klarsichthüllen, die aussehen wie Milchtüten. Zerdrückt, offensichtlich schon oft benutzt. Die Unterlagen selbst haben Eselsohren, die Prospekte sind verknickt. Standard-Notizblock, bei Staples für 99 Cent. Werbegeschenk-Faserschreiber mit Logo – aber nicht etwa das des Unternehmens des Vertreters, sondern eines Fitnessstudios ... Und dann die Visitenkarte, die er gleich auf den Tisch knallt: Standard-Design, 100 Stück bei

Vistaprint 4,95 Euro, Sie kennen ja die Online-Wettbewerber.

LAW

48

Nette Story, aber ein bisschen dick aufgetragen? Vielleicht, aber hier geht's darum: Was für einen Eindruck hätten Sie als Unternehmen von diesem Vertreter? Fühlen Sie sich als potenzieller Kunde wertgeschätzt? Haben Sie überhaupt Lust, mit diesem Kollegen ein Verkaufsgespräch zu führen, das in einem Auftrag mündet? Oder machen Sie gleich einen Termin mit dem Mitarbeiter des Wettbewerbers aus? Und wenn Sie mit diesem Kollegen weitermachen: Nehmen Sie ihn dann überhaupt ernst?

Wenn du deinem Kunden gegenüber angemessen gekleidet und mit wertigen Accessoires auftrittst – und das nicht nur beim Ersttermin –, dann zeigst du deine Wertschätzung für ihn. Dein Kunde sieht und spürt den Respekt, den du ihm entgegenbringst. Nicht den Fußabtreter-Bücklings-Respekt von mittelmäßigen Verkäufern, sondern den, der gegenseitige Achtung schafft, der Verkaufsgespräche auf Augenhöhe zulässt. Anders formuliert: Bringst du denselben Respekt, den du vor deinem Kunden hast, auch für dich selbst auf, kleidest du dich angemessen und zeigst deine Wertschätzung deinem Kunden gegenüber.

Den ersten Eindruck können Sie nicht mehr korrigieren. Ihr Gegenüber steckt Sie nach wenigen Sekunden in eine Schublade, aus der Sie nicht mehr rauskommen. Kleiden Sie sich also immer einen Tick korrekter, als es Ihr Kunde erwartet.

Kunden-beziehungen sind reine Herzenssache

49. Hart in der Sache, fair zum Menschen

Ob selbstständiger Einzelkämpfer oder Vorstand einer AG, ob Geschäftsführer eines kleinen Betriebs oder eines großen Unternehmens, ob Teamleiter mit drei Mitarbeitern oder Abteilungsleiter eines DAX-Konzerns, ob Familienvater mit schmalem Einkommen oder Besitzer einer Stadtvilla im Nobelviertel: Einen erstklassigen Verkäufer interessieren keine Titel und Hierarchien, denn er hat den gleichen Respekt vor jedem seiner Kunden – und er erwartet, dass seine Kunden ihm ebenso Respekt entgegenbringen, weil er für sie alles gibt.

Er verkauft immer auf Augenhöhe mit seinen Kunden. Er bleibt hart in der Sache, aber fair zum Menschen. Er lässt sich nicht herabstufen, hat es aber ebenso wenig nötig, jemanden über den Tisch zu ziehen. Ob ihm ein Kunde gegenübersitzt, der offensichtlich kein großer Umsatzbringer ist, oder ob ihm ein Auftrag winkt, von dessen Provision er den nächsten Wellness-Urlaub auf den Seychellen finanzieren könnte – ihm liegt das optimale Angebot für seinen Kunden am Herzen. Das zählt, und alles andere – Doktortitel, Topmanagement, dicke Autos vor der Unternehmenszentrale oder Ein-Mann-Bude, Handwerksbetrieb oder zehn Jahre alter Golf – ist nachrangig.

Ein erstklassiger Verkäufer ist kompromisslos kontaktfreudig, gerade weil ihn der Status seines Kunden herzlich wenig juckt. Er ist offen, freundlich, höflich, im besten Sinne neugierig auf seine Kunden. Er ist an Menschen interessiert, denn er weiß, seine Kunden spüren, wenn er es nicht ist. Aber deswegen ist er nicht mit Perwoll gewaschen oder ein treudoofer Gute-Laune-Bär. Der Verkäuferjob ist kein Häkelkurs an der VHS. Wer einem Topverkäufer gegenüber seine Kundenmacht ausspielen möchte, muss mit klarer Kante rechnen. Wer ihn im Preis runterhandeln will, gewöhnt sich auch als Kunde an ein Nein, das er von laschen und mutlosen Mittelmaßverkäufern nicht kennt. Aber

genau diese Offenheit und Klarheit schätzen Kunden an einem Topverkäufer, deshalb ist er ein begehrter Gesprächs- und
Verhandlungspartner.

LAW

49

Natürlich weiß der Topverkäufer: Je weiter oben in der Hierarchie, desto größer die
Entscheidungen. Je größer die Entscheidungen, desto größer das Budget. Je größer das Budget,
desto mehr Umsatz und Gewinn. Und: Je teurer eine Leistung, desto leichter ist sie zu verkaufen, umso weniger Personen sind an der
Entscheidung beteiligt. Und natürlich ist er ein Umsatz- und Provi-
sionsjäger – aber eben nicht nur für einen Auftrag. Was ihn antreibt,
ist, seinen Kunden zu begeistern, um ihn dauerhaft an sich und sein
Unternehmen zu binden. Denn dann kommen der Umsatz und die
Provision ganz von allein. Außerdem ist er immer perfekt auf seinen
Kunden vorbereitet, um mit voller Überzeugung hinter seinem Produkt und seinem Unternehmen zu stehen. Er geht mit dem großen
Willen in ein Gespräch, seine Ziele zu verwirklichen – da ist er hart
gegen sich selbst.

**Diese Haltung zeichnet Topverkäufer aus:
Kontaktfreudigkeit, Respekt, Geradlinig-
keit, Zielstrebigkeit. Machen auch Sie sich
zum begehrten Gesprächspartner Ihrer
Kunden!**

50. Verkäufer sind Hebammen

NLP, Transaktionsanalyse, operantes Konditionieren, kognitive Dissonanz, Eisbergmodell, fluide Intelligenz, Nachrichtenquadrat – keine Sorge, um ein guter Verkäufer zu sein, ist kein Psychologie- und/oder Kommunikationsstudium nötig. Aber ein paar Basics zu kennen, warum deine Kunden kaufen – oder eben nicht, das ist schon hilfreich.

Die sieben klassischen Kaufmotive sind Prestige, Wirtschaftlichkeit, Bequemlichkeit, neuester Stand der Technik, soziale Bedürfnisse, Umwelt und Gesundheit. Die meisten Kunden entscheiden sich nicht nur anhand eines dieser Motive. Es ist in der Regel eine Mischung aus mehreren Motiven, die in ihrem Zusammenwirken den Ausschlag für einen Kauf geben, wobei meist ein oder zwei Motive dominieren. Topverkäufer setzen bei diesen Motiven an, sie fragen ihre Kunden gezielt danach: »Was ist Ihnen wichtig beim Kauf? Was erhoffen Sie sich von unserem Produkt? Welche Ziele verbinden Sie mit dem Kauf unseres Produkts?« Mit diesen oder ähnlichen Fragen kommen Sie nicht nur dem offensichtlichen Bedarf Ihres Kunden auf die Spur, sondern auch seinen verborgenen Bedürfnissen, also den Wünschen, Hoffnungen, Erwartungen, Träumen, die er mit dem Kauf verbindet – eben seinen Kaufmotiven.

Kaufmotive drücken sich in Gefühlsentscheidungen aus, das heißt: Kaufentscheidungen folgen Emotionen, Trieben und der Intuition, die im limbischen System unseres Gehirns verankert sind. Die rationale Erklärung für eine emotionale Kaufentscheidung liefert das Großhirn erst im Nachhinein. Letztlich gewinnt im Wettstreit zwischen Verstand und Gefühl immer das Gefühl.

Schön und gut, aber was bedeutet das genau für dich? Je nach Motiv spielt für deinen Kunden eine große Rolle, ob du ihm sympathisch bist oder nicht. Topverkäufer fragen deshalb nicht nur nach den Kaufmotiven ihrer Kunden, sondern schaffen damit auch eine gemeinsame Gefühlsbasis mit Ihren Kunden und stärken so die Beziehung: Kunden fühlen sich verstanden. Das schafft Vertrauen. Und Vertrauen ist der Anfang von allem, richtig?

Die gute Nachricht ist also: Vertrauen schaffen Sie eben nicht mit einem prall gefüllten und zentnerschweren Theorierucksack. Den müssten Sie mitschleifen, und wenn es dann darauf ankommt, wären Sie zu erledigt für das, worauf es wirklich ankommt: mitfühlen, beobachten, hinhören, nachfragen, deinen Kunden begleiten, ihn ins Ziel bringen, sich im Verkaufsgespräch auf die eigene Intuition verlassen, ganz beim Kunden sein. Und dafür reicht das Wissen, welche Rolle Gefühle in den Kaufentscheidungen Ihrer Kunden spielen. Und wie Sie das für sich nutzen.

Ein guter Verkäufer ist wie eine Hebamme: Manchmal kommt das Kind wie von selbst und rutscht in seine Arme. Manchmal setzt er Saugglocke oder Zange ein, wenn es schwierig wird. Manchmal dauert es sehr lange, und ein Kaiserschnitt ist notwendig. Aber am Ende sind alle Beteiligten glücklich, dass das Kind auf der Welt ist.

51. Deine Kunden haben Schubladen im Kopf

Denken Sie jetzt kurz an das letzte Mal, als Sie mit Ihrer besseren Hälfte eine romantische Komödie mit viel Herz, Humor und Happy End angeschaut haben. Sie haben dabei viel gelacht und sich leicht gefühlt. Ein Feel-good-Movie eben. Wie haben Sie Ihre Partnerin/Ihren Partner nach dem Film betrachtet? Natürlich: mit zärtlichen Gefühlen. Ein Psychologe würde in seinem Fachsprech sagen, Sie waren auf Romantik und Humor geprimt.

Unsere Gehirne arbeiten bevorzugt mit Mustern oder Schemata. Unsere Erfahrungen, Erinnerungen, Glaubenssätze formen Schubladen in unserem Gehirn, in die wir Erlebnisse, Gespräche, Handlungen und so weiter ablegen. Das ist einfacher und weniger anstrengend für unser Gehirn, als jede Situation neu zu bewerten, vor allem wenn es um schnelle und/oder komplexe Entscheidungen geht. Zum Beispiel Kaufentscheidungen.

Mit Priming können Sie bei Ihrem Kunden unbewusste Mechanismen aktivieren und die Wahrscheinlichkeit erhöhen, dass er im Verkaufsgespräch bestimmte Reaktionen zeigt.

• Verwenden Sie im Ersttermin mit einem potenziellen Kunden positiv besetzte Begriffe wie Zuverlässigkeit, Vertrauen, Ehrlichkeit, Offenheit, Erfolg, Freude, Begeisterung, Kreativität, Innovation, Sicherheit. Noch besser: Erstellen Sie vor dem Kundenbesuch eine Wording-List mit Begriffen, die bei Ihrem Gesprächspartner positive Assoziationen auslösen.
• Nutzen Sie die Power des Storytelling im Verkaufsgespräch. Rufen Sie ein Bild vor dem inneren Auge Ihres Kunden mit Formulierungen wie dieser hervor: »Stellen Sie sich vor, wie Sie dieses Gerät bei sich einsetzen …« Dann führen Sie den Satz weiter, indem

Sie Begriffe wie Effektivität, Schnellig-
keit, Langlebigkeit ergänzen.

LAW
51

- Marketingforscher haben herausge-
funden: Maximalkaufpreise lassen sich
viel stärker beeinflussen als Mindest-
kaufpreise. Sie können höhere Preise
durchsetzen, wenn Sie Ihren Kunden
vorher mit hohen Zahlen primen, denn vorab genannte hohe Zahlen verleiten Kunden dazu,
höhere Verkaufspreise zu akzeptieren. Auch wenn die Zahlen
nichts mit Ihrem Angebot zu tun haben: Ihr Kunde wird sie unbe-
wusst als Ausgangspunkt der Preisverhandlungen einordnen.
- »Störe ich Sie gerade?« Wenn Sie bei einem Kunden, den Sie neu
akquirieren wollen, so einsteigen, können Sie auch gleich wieder
auflegen: Ihr Gesprächspartner legt Ihren Namen automatisch
neben dem Begriff »stören« ab. Und wer will schon ein Stören-
fried sein?
- Reichen Sie Ihrem Kunden den Kaffee immer in einer henkel-
losen Tasse. Der Kunde umfasst die warme Tasse mit der ganzen
Hand, und das ruft angenehme Assoziationen wie »warm« und
»heimelig« bei ihm hervor. Bei einem Experiment drückte John
Bargh, auf den das Priming-Konzept zurückgeht, den Probanden
einer Versuchsgruppe ein Warmgetränk in die Hand, denen der
anderen Gruppe ein Kaltgetränk. Alle Probanden sollten nun je-
weils in der Rolle eines Personalchefs ein Bewerbungsgespräch
führen. Die Rolle des Bewerbers übernahm ein Schauspieler, was
die Probanden nicht wussten. Ergebnis: 58 Prozent der Probanden
mit dem Kaltgetränk stellten den Bewerber ein, 100 Prozent der
Probanden mit dem Warmgetränk.
- Wenn es Ihnen möglich ist: Nehmen Sie auf jeden Fall Produkt-
proben mit zu Ihrem Kunden, damit er ein Gefühl für die Formen,
Materialien und Farben bekommt.

Topverkäufer setzen diese verbalen, nonverbalen und sensorischen
Signale ganz bewusst ein. Auch Sie können diese Erkenntnisse aus
Psychologie und Neuromarketing nutzen, um Ihre Kunden zum Kauf
zu motivieren. Nutzen Sie die Schubladen Ihrer Kunden!

52. Gut sein ist gut, Gutes tun ist besser

Wenn die folgenden Eigenschaften deine Grundhaltung gegenüber deinen Kunden prägen, dann bist du schon verdammt attraktiv für sie: Offenheit, Respekt, Wertschätzung, Neugier, Verbindlichkeit, Kontaktfreudigkeit. Aber wenn deine Haltung nur Haltung bleibt, dann schlägst du kein Kapital aus deiner Attraktivität. Gut sein ist aller Ehren wert, aber Gutes tun ist noch viel besser. Bei Topverkäufern wird aus dem Sein ein Tun.

Stellen Sie sich mit Ihrem vollen Vor- und Nachnamen vor. Das wirkt persönlich und schafft eine freundliche Atmosphäre. Lächeln Sie bei der Begrüßung – auch und gerade am Telefon. Und beim persönlichen Treffen gehen Sie auf Ihren Kunden zu, blicken ihm in die Augen und geben ihm das Gefühl, dass Sie sich freuen, mit ihm zu sprechen, und dass Sie in diesem Moment nur für ihn da sind. Vielleicht honoriert der Gesprächspartner Ihre Höflichkeit, Ihre Freundlichkeit nicht immer sofort. Aber Ihre Charmeoffensive macht nachhaltig Eindruck. Unhöflichkeit hingegen bestraft Ihr Kunde sofort: mit überzogenen Forderungen, mit Reklamationen – und wenn es ganz blöd läuft mit der Stornierung eines Auftrags. Also: Zeigen Sie Ihrem Kunden, dass Sie ihn mögen. Keine falsch verstandene professionelle Zurückhaltung, sondern echt gemeinte Freundlichkeit!

Ihr Kunde fürchtet fast nichts mehr als falsche Kaufentscheidungen und ihre Folgen, seien es rote Zahlen im Budgetplan, einen Einlauf vom Vorgesetzten, Überstunden … Geben Sie ihm deshalb Sicherheit: mit Referenzen anderer Kunden, mit einer intensiven Rundum-Betreuung, mit einem unschlagbaren Afters-Sales-Service und anderen vertrauensbildenden Maßnahmen. Geben Sie dem Kunden das verdammt gute Gefühl, dass Sie sein persönlicher 24/7-Mann sind, der immer zur Stelle ist, wenn er ihn braucht.

LAW
52

Machen Sie niemals Versprechen, die Sie nicht halten können. Denken Sie daran: Ihr Verkäuferjob ist mit dem Verkaufsabschluss nicht beendet. Ganz im Gegenteil: Dann geht's erst richtig los! Sagen Sie deshalb nichts zu, was Sie dann wieder kleinlaut zurücknehmen müssen. Für einen Kunden gibt es kaum größere Enttäuschungen als das Gefühl, über den Tisch gezogen worden zu sein. Damit schießen Sie sich selbst ins Knie, denn diesen Kunden haben Sie für immer verloren. Aber nicht nur das: Was glauben Sie, wie schnell der Ärger eines solchen Kunden in den Zeiten von Social Media die ganz große Runde macht? Bleiben Sie daher ehrlich, wenn Sie nicht in der Lage sind, einen Wunsch Ihres Kunden zu erfüllen. Er wird Ihre Ehrlichkeit zu schätzen wissen.

Und zu guter Letzt: Bedanken Sie sich bei Ihrem Kunden für sein Vertrauen! Für seine Empfehlungen! Ebenso für seine Reklamationen, die es Ihnen erlauben, Ihren Service weiter zu verbessern. Aber: Bedanken Sie sich NICHT für einen Termin oder einen Auftrag! Warum? Sie sind gleichberechtigte Geschäftspartner, die auf Augenhöhe und mit gegenseitigem Respekt eine Lösung aushandeln, aus der beide als Sieger hervorgehen. Und Kunden, die siegen, kaufen nur von Siegern, richtig?

 **Seien Sie höflich und freundlich, geben Sie Ihrem Kunden Sicherheit und begegnen Sie ihm mit Respekt – tun Sie Gutes!**

53. Neugier und Menschenkenntnis sind die Türen zu deinen Kunden

Auftritt Mittelmaßverkäufer: durchschnittlicher Anzug von der Stange, Verkaufsmappe aus Lederimitat, mehr gequältes als offenes Lächeln, lascher Händedruck, Verlegenheitsplattitüden à la »Schönes Büro haben Sie«, Bedarfsanalyse nach Standardfragen-Checkliste, routiniert abgespulte Angebotspräsentation mit umfangreicher Produktmerkmalsauflistung. Noch Fragen? Ach ja, stimmt, da war was ... der Kunde ... Wie heißt der nochmal? Für welches Unternehmen arbeitet der?

Auftritt Spitzenverkäufer: gepflegtes Outfit, Top-Verkaufsutensilien, offenes, sympathisches Lächeln, das Vorfreude und Neugier auf den Kunden signalisiert, fester Händedruck, kein langes Small-Talk-Rumgerede, schnell auf den Punkt kommen mit einer individuellen Bedarfsanalyse, die mit treffenden Fragen Bedarf und Kaufmotive des Kunden herausarbeitet.

Und dann: den Kunden reden lassen. Er soll reden, reden, reden. Und Sie? Hinhören, hinhören, hinhören. Beobachten, beobachten, beobachten. Wie tritt Ihr Kunde auf? Wie bewegt er sich? Was sagt er? Und vor allem: Wie sagt er es? Fahren Sie in den ersten Minuten alle Ihre Antennen aus, um voll auf Empfang zu sein. Achten Sie auf Kleinigkeiten: Legt Ihr Kunde Wert auf gepflegtes Äußeres? Trägt er eine teure, auffällige Uhr? Wie ist sein Büro eingerichtet? Wie sitzt er am Tisch? Guckt er Sie an, während er spricht? Oder schweift sein Blick ab? Hat er eine kräftige oder eher leise Stimme? Spricht er ruhig oder schnell? Und welche Schlüsse ziehen Sie daraus hinsichtlich seiner Persönlichkeit? Wie tickt Ihr Kunde? Und was bedeutet das für Ihre Gesprächsstrategie, für Ihre Angebotspräsenta-

tion, Ihre Nutzenargumentation, Ihre Einwandbehandlung? Spitzenverkäufer nehmen alle diese Eindrücke innerhalb von
Sekundenbruchteilen intuitiv wahr und
bauen sie wie Puzzleteile zu einem klaren
Kundenbild zusammen. Denn ein Spitzenverkäufer weiß: Je aufmerksamer er seinen
Kunden beobachtet, desto sicherer kann er ihn
einschätzen. Je besser er an die Persönlichkeit seines
Kunden »andockt«, desto schneller nimmt er Verbindung zu ihm auf.
Je stärker diese Brücke ist, desto sympathischer ist der Spitzenverkäufer seinem Kunden. Und ohne Sympathie kein Abschluss. Zumindest
kein guter.

LAW

53

Psychologisches Know-how ist gut, wenn es sich in der Gesprächssituation strategisch und taktisch nutzen lässt. Als guter Verkäufer
vertraust du letztlich aber auf deine Menschenkenntnis, um eine
gute Beziehung zu deinem Kunden aufzubauen. An seiner intuitiven
Menschenkenntnis zu arbeiten, verspricht langfristig mehr Erfolg, als
angelesenes Wissen über Psychologie ins Verkaufsgespräch pressen
zu wollen.

Denn Neugier und Menschenkenntnis sind die wichtigsten Verkaufs-
instrumente. Ohne sie verpuffen ausgefeilte Angebotspräsentationen
und bestechende Abschlusstechniken wirkungslos. Ein guter Verkäufer bedient den Bedarf seines Kunden rational und dessen Kaufmotive emotional und verknüpft beides geschickt miteinander, um seinem Kunden unwiderstehliche Nutzenargumente zu liefern und für
beide Seiten den optimalen Abschluss herbeizuführen.

Also gilt: zuerst hinhören, beobachten, erkennen, verstehen – und
dann reden! Und zwar so reden, dass dein Kunde versteht, was du
sagst, dass er innerlich Ja sagt zu deinem Angebot. Alle guten Verkäufer sprechen ihre Kunden so an, wie diese ticken – und nicht wie sie,
die Verkäufer, selbst ticken.

54. Strenge Rechnung – gute Freundschaft

Jeder Verkäufer kennt das: Kunden, die gleichzeitig auch Bekannte sind. Gute Freunde, die irgendwann auch Kunden wurden. Oder umgekehrt. Kunden, die darauf spekulieren, Prozente zu bekommen, weil ein gemeinsamer Freund dich empfohlen hat. Bestandskunden, die aufgrund der langen Geschäftsbeziehung zwischen euch ganz offen Sonderkonditionen einfordern à la »Wir arbeiten doch schon so lange zusammen. Da kannst du doch bestimmt noch was für mich rausholen, oder?«

Viele Kunden kommen heute schnell auf Verkäufer zu. Das ist ja an sich gut, weil du als Verkäufer dann leicht eine Beziehung zu solchen Kunden aufbauen kannst. Knifflig wird es aber dann, wenn Kunden für diese Offenheit eine Gegenleistung verlangen – und dessen ist sich der Kunde oft nicht einmal bewusst. So gerätst du in Gewissenskonflikte, denn du willst ja das gute Verhältnis pflegen, aber dich als Verkäufer nicht verbiegen. Je privater dein Verhältnis zu einem Kunden, desto eher läufst du Gefahr, größere Zugeständnisse zu machen. Denn eins ist klar: Wenn dein Kunde das gute Verhältnis zu dir ausnutzen kann, wird er es auch versuchen, zum Beispiel bei Stornoregelungen, Preisen und Zahlungszielen.

So wichtig die Beziehungspflege auch ist: Wenn du einen freundschaftlichen Umgang mit deinen Kunden hast, häufen sich die Situationen, in denen es schwierig ist, professionelle Distanz zu wahren. Distanz zu deinen Kunden, Distanz zwischen Verkäuferjob und persönlicher Verbindung. Eine Geschäftspartnerschaft, so gut ihr euch auch persönlich versteht, bedeutet nämlich professionelle Distanz, um klare Ansagen zu machen und sich gegenseitigen Respekt entgegenzubringen:

- Hier Freundschaft – dort Rechnung.
- Keine Leistung ohne Gegenleistung.
- Handel ist, wenn beide etwas davon haben.

Klarheit in der Sache – im Verkaufen, in den Konditionen – und Nähe – in der persönlichen Verbindung – sind keine unüberbrückbaren Gegensätze, ganz im Gegenteil: Gerade weil du in der Rolle als Verkäufer deine Preise, Stornofristen und Zahlungsziele eindeutig kommunizierst und darauf ohne Unterschiede zwischen deinen Kunden bestehst, ist eine persönliche Beziehung ohne falsche Erwartungen seitens deiner Kunden möglich.

Machen Sie sich nicht zum Anwalt Ihres Kunden, so gut Sie sich beide auch verstehen. Lassen Sie sich nicht zu einer Entscheidung drängen, die Ihr Kunde selbst fällen muss: Nimmt er Ihr klares, unmissverständliches Angebot ohne Rabattgemauschel an oder nicht?

Persönliche Nähe stärkt die persönliche Beziehung zu Ihrem Kunden. Eindeutige Ansagen, was die Details des Angebots betreffen, schaffen Klarheit. Je besser Ihr Verhältnis zu ihm ist, desto wichtiger ist es, selbstbewusst und prinzipientreu zu handeln.

55. Was du ausstrahlst, ziehst du automatisch an

Natürlich gibt es sie, die Kunden, mit denen du überhaupt nicht klarkommst. Zum Beispiel der Kunde der Marke »Kotzbrocken«. Das ist der, der sich nicht die Mühe macht, aufzustehen und dich mit Handschlag zu begrüßen, sondern in seinem Chefsessel weiterlümmelt und dich zum Besprechungstisch winkt, während er weitertelefoniert, obwohl du pünktlich zum vereinbarten Ersttermin erschienen bist. Das ist der, der dann am Telefon schmierige Witze macht und selbst am lautesten darüber lacht. Der dich zehn Minuten warten lässt, um sein Telefonat in aller Ruhe zu Ende zu bringen, und dann erstmal seine Assistentin anpfeift, warum denn der Kaffee immer noch nicht auf dem Tisch steht.

Als Verkäufer hast du in so einer Situation folgende Alternativen:

Erstens: Du denkst dir »Mit dem will ich nicht zusammenarbeiten«. Deshalb stehst du wieder auf, verabschiedest dich und lässt den Kunden ratlos stehen. Konsequent, aber nicht ohne Risiko: Wer weiß, wie viel Leute dieser Kunde in der Branche kennt. Wenn der so weitermacht, wie es der erste Eindruck vermuten lässt, dann hast du schnell den Ruf eines arroganten Verkäufers.

Zweitens: Du gibst dem Kunden eine weitere Chance und lässt dich auf ihn ein. Das bedeutet zum einen, dass du trotz dieses schlechten Starts darauf achtest, dass der Kunde nicht bemerkt, dass sein Auftritt bei dir einen verheerenden Eindruck hinterlassen hat. Das bedeutet zum anderen, dass du dich auf die positiven Aspekte deines Kunden konzentrierst, auch wenn es verdammt schwerfällt.

Denn deine Antipathie gegenüber einem Kunden kannst du nicht überspielen. Auch die gröbsten Klötze registrieren Körperhaltung,

LAW 55

Gestik, Mimik und die kleinsten Ausdrücke in deinen Gesichtszügen, und sie haben den Instinkt, deine Antipathie in diesen Signalen richtig zu interpretieren. Was du denkst und was du fühlst, das zeigst du – auch wenn du nichts sagst und völlig bewegungslos bist wie diese menschlichen Statuen, die in jeder Fußgängerzone zu finden sind. Nonverbale Signale eben.

Für das sogenannte Stimmungsmanagement gilt folgende Gleichung: Körper = Stimmung = Einstellung. Wenn Sie erkältet sind (Körper), fühlen Sie sich nicht wohl (Stimmung) und wollen am liebsten Ihre Ruhe haben (Einstellung). Umgekehrt gilt die Gleichung ebenso: Einstellung = Stimmung = Körper. Wenn Sie vor dem Erstgespräch mit einem herausfordernden Kunden stehen, sammeln Sie Pluspunkte: Was finden Sie sympathisch, interessant, was gefällt Ihnen an ihm? Indem Sie sich auf diese positiven Aspekte konzentrieren, bringen Sie sich selbst in die richtige Stimmung. Und die spiegelt sich in Ihrer Körperhaltung, in Ihren Bewegungen, in Ihrem Gesichtsausdruck, in Ihrer Stimme: Sympathie, Vorfreude auf das Gespräch, Offenheit, Zuversicht, Optimismus, Neugier, Freundlichkeit. So sieht die Einladung zu einem angenehmen und erfolgreichen Verkaufsgespräch aus.

Du kannst nicht so tun, als ob du den Kunden sympathisch findest. Und um es wirklich zu tun, musst du dich wohlfühlen. Dich mit deinem Kunden wohlzufühlen, ist deine Pflicht als Verkäufer, das ist wie eins der zehn Gebote. Eine der wichtigsten Schlüsselqualifikationen von Verkäufern ist: jemand zu sein, bei dem Kunden gern kaufen. Wenn du deinen Kunden nicht leiden kannst, wenn du mit Widerwillen in ein Verkaufsgespräch gehst, kannst du es auch gleich abblasen.

Loser haben Loserkunden, Durchschnittstypen haben Durchschnittskunden, glaubwürdige und sympathische Verkäufer ziehen ebensolche Kunden an, und Sieger ziehen Topkunden an. Jeder bekommt den Kunden, den er verdient. Also, zeigen Sie Ihren Kunden, was für ein Magnet Sie sind.

56. Manchmal liegt die wahre Größe im Verzicht

Kleine Käufertypologie gefällig? Herablassende Arroganzlinge, die Verkäufer wie Pizzalieferanten behandeln, aber keinen Cent zahlen wollen. Kleinkarierte Erbsenzähler, die jedes Komma in der Angebotspräsentation infrage stellen. Leutselige Labertaschen, die nicht auf den Punkt kommen, aber dafür gern Schwänke aus ihrem Leben zum Besten geben und darüber den Auftrag vergessen. Ungeduldige Dominatoren, die keinen Widerspruch dulden und dich nicht ausreden lassen, weil sie nur kuschende Jasager um sich haben. Hartnäckige Schweiger, die selbst auf offene Fragen in der Bedarfsanalyse weniger als einsilbig antworten – Gesprächsanteil bei 1,03 Prozent. Paranoide Einkäufer, die hinter deinen Fragen und Antworten ein groß angelegtes Komplott vermuten, mit dem sie hinters Licht geführt werden sollen. Nervige Klugschwätzer, die dir dein Produkt erklären wollen, obwohl ihr Wissen bestenfalls für eine Amazon-Rezension reicht.

Kommt dir das bekannt vor? Gut. Das ist selbstverständlich eine einseitige Typologie und keine repräsentative Auswahl. Die meisten Kunden sind verträgliche, größtenteils sympathische Zeitgenossen und echt gute Typen. Aber hier geht's um was anderes: Auch Topverkäufer können es nicht jedem recht machen – und wollen es auch nicht. Auch sie stoßen dann und wann an ihre persönlichen und professionellen Grenzen, wenn sie auf Kunden treffen, die so völlig anders ticken, dass sie statt einer stabilen und eleganten Brücke nicht mal einen wackeligen Holzsteg zustande bekommen, um ihre Kunden zu erreichen. So als würdest du mit einem Alien kommunizieren wollen. Wenn eben zwei Welten aufeinandertreffen oder besser zwei Galaxien.

Wenn du im Erstgespräch partout nicht mit deinem Kunden klarkommst, dann gibt's nur eins: Lass die Finger davon! Auch Topverkäufer verbiegen sich nicht, um trotzdem irgendwie den Auftrag zu bekommen. Wenn du merkst, dass dein Kunde mit dir kein Geschäft macht, weil du bist, wie du bist, dann liegt wahre Größe manchmal auch im Verzicht auf den Auftrag. Dann ist es ein Zeichen von Respekt dir selbst gegenüber, dass du dir eingestehst, dass du mit diesem Kunden immer deine Schwierigkeiten haben wirst. Dann ist es souverän, von sich aus auch mal Nein zu sagen.

LAW
56

Ein geordneter Rückzug ist allerdings erst dann erlaubt, wenn Sie alles getan haben, was in Ihrer Macht steht, um das Verkaufsgespräch zum erfolgreichen Abschluss zu führen: sorgfältige Vorbereitung auf den Termin, gepflegtes Auftreten, freundliche Begrüßung, professionelle Gesprächsführung mit allem, was dazugehört. Das beinhaltet auch, dass Sie sich wie Topverkäufer vor jedem Termin selbst pushen: Ich mag meinen Kunden und wenn es dafür nur einen Grund gibt – heute macht mein Kunde ein Geschäft mit mir. Auch wenn es Ihnen ab und an verdammt schwerfällt: Es gibt in jedem Menschen etwas Gutes, Liebenswertes, Sympathisches, auf das Sie Ihre Aufmerksamkeit richten können.

Selbst wenn Sie dies alles gewissenhaft beachtet und umgesetzt haben, treten im Verkaufsgespräch vielleicht trotzdem enorme Probleme mit Ihrem Kunden auf. Und dann kann es (auch) an Ihnen liegen. Oder genauer: Daran, dass Sie eben sind, wie Sie sind, und Ihr Kunde eben keine Geschäfte macht mit Menschen wie Ihnen.

Das ist kein Grund, an sich und seinen Fähigkeiten zu zweifeln. Versuchen Sie alles, um Ihren Kunden zu überzeugen, und bleiben Sie dabei authentisch. Auf solch einen Kunden kommen mindestens zehn andere, die mit Ihnen gern gute Geschäfte machen.

57. Zuerst gibst du, dann nimmst du

Reziprozitätsprinzip? Hört sich nach einem langweiligen mathematischen Gesetz an? Nach aufgeblasenem Soziologendeutsch? Nach einer aufgemotzten Überschrift aus dem Vertriebsleiterhandbuch? Mag sein. Aber für dich als Verkäufer steckt hinter diesem Prinzip jede Menge Power, mit dem du deine Kundenansprache auf eine neue Ebene heben kannst.

Um eine Brücke zu einem anderen Menschen zu bauen, um eine persönliche Verbindung zu schaffen, sind nur vier einfache Schritte notwendig: Ich gebe, du nimmst. Du gibst, ich nehme. Auf seinen Kern reduziert, bedeutet dieses Prinzip im Verkauf: Wenn du zuerst deinem Kunden etwas gibst, dann kommt seine Gegenleistung ganz automatisch. Dem kann sich kein Kunde entziehen.

Dasselbe »Ich-gebe-zuerst«-Prinzip gilt auch in den sozialen Netzwerken, in Gruppen und in Foren: Bevor du Know-how, Wissen, Informationen absaugst, lieferst du erst einmal selbst etwas. Keiner macht sich unbeliebter als der, der sich bei anderen bedient, ohne selbst etwas zu geben.

Und was kannst du nun deinem Kunden geben? Informationen, die ihn interessieren, Einladungen zu Produktpräsentationen, kleine Mitbringsel oder Give-aways beim Termin, eine persönlich geschriebene Geburtstagskarte statt einer Standard-E-Mail. All das sind Formen der Wertschätzung, kleine Lobeinheiten, die ihre Wirkung tun. Oder anderes formuliert: dezente Anerkennung. Anerkennung ist wichtig, wir alle brauchen von Zeit zu Zeit ein Lob. Auch deine Kunden, denn die haben trotz aller Unterschiede in Wesen und Charakter, trotz verschiedenster Vorlieben im Kern dasselbe Bedürfnis nach Anerkennung. Jeder braucht täglich sechs Streicheleinheiten für sein seeli-

sches Wohlbefinden, und seien diese Streicheleinheiten noch so klein und scheinbar
unwichtig.

Deswegen kannst du, ja, sollst du deinem
Kunden Komplimente machen wegen seines stilvoll eingerichteten Büros, seines sym-
pathischen Lächelns, seiner sorgfältigen Vorbereitung auf euren Termin – wegen was auch immer.
Sag auf jeden Fall etwas Nettes, Freundliches, Wertschätzendes, denn
das geht deinem Kunden runter wie Öl.

Das funktioniert aber nur, wenn deine Komplimente echt sind. Sie
müssen von Herzen kommen. Dein Kunde merkt, wenn dein Lob
nicht authentisch ist, wenn es überzogen, unangemessen, aufgesetzt
ist. Du verleihst dem Taxifahrer ja auch nicht das Bundesverdienst-
kreuz, nur weil er nüchtern am Steuer saß und keinen Unfall gebaut
hat, oder?

Anerkennung, Lob, Komplimente sind wichtig, um eine persönliche
Beziehung zum Kunden aufzubauen und zu pflegen. Aber nur wenn
sie stimmig sind und nicht in Schleimerei ausarten, wenn du deinem
Kunden nicht so dick Honig ums Maul schmierst, dass er den Mund
nicht mehr aufbekommt und im wahrsten Sinne des Wortes sprachlos
ist. Die richtigen Worte zur richtigen Zeit aus einem echten Bedürfnis
heraus: So entsteht dezente Anerkennung, die ehrlich gemeint ist.
Denn gegen Angriffe kann sich dein Kunde wehren, gegen Lob ist er
machtlos.

58. Verkaufen bedeutet, Kunden glücklich zu machen

Warum sind Sie eigentlich Verkäufer? Sie haben drei Sekunden Zeit, diese Frage in einem Satz zu beantworten: 21, 22, 23 ... Keine Antwort? Dann weiter: Wofür brennen Sie als Verkäufer? Worin liegt Ihre Motivation, trotz regelmäßiger Neins jeden Tag aufzustehen und immer wieder mit Kunden zu verhandeln? Was treibt Sie im Innersten an? 21, 22, 23 ... Das können Sie so einfach nicht beantworten? Dann konkreter gefragt: Sind Sie Verkäufer, um richtig Umsatz zu machen? Um sich in Ruhm, Ehre und in der Bewunderung Ihrer Vorgesetzten und Kollegen zu sonnen? Um saftige Provisionen einzustreichen? Weil Sie gern reisen und als Verkäufer viel rumkommen? Weil Sie Ihr Unternehmen und seine Produkte richtig klasse finden? Weil Sie so regelmäßig Sozialakquise betreiben, sprich private Kontakte intensivieren? Weil Sie nix anderes gelernt haben?

Fällt Ihnen was auf? In dieser Aufzählung fehlt ein Faktor. Nein, Quatsch, der wichtigste Faktor überhaupt. 21, 22, 23 ... Und? Welcher Aspekt des Verkaufens ist hier gemeint? Richtig: der Kunde. Ohne den ist alles nichts. Ohne Kunde kein Verkauf. Der Kunde ist aber nicht nur eine Größe in einer mathematischen Gleichung, mit der du einen Auftrag generierst: Kunde = Umsatz. Denn damit reduzierst du deinen Kunden auf den Auftrag, den du mit ihm vereinbarst. Aber glücklich machst du ihn damit nicht.

Glücklich? Sind wir jetzt in der Lebensratgeberecke der Buchhandlung? Das ist doch Dauertitelthema für Stern, Focus und für andere Nachrichten- und Lifestyle-Magazine, aber das hat doch nix mit Verkauf zu tun? Verkauf ist Geschäft, kein Sinnsuche-Gutes-Leben-Schwachsinn für Weicheier und Heulsusen. Basta!

Basta? Ganz im Gegenteil: Zwischen der Motivation, Verkäufer zu sein, und dem Glück des Kunden besteht ein sehr enger Zusammenhang. Demnach bedeutet Verkaufen – auf seinen Kern reduziert –, deinen Kunden glücklich zu machen. Anders formuliert: Du machst als Verkäufer deinen besten Job, wenn du deinem Kunden ein Lächeln ins Gesicht zauberst. Weil er sich freut. Weil er erleichtert ist. Weil du ihm etwas gibst, was er woanders nicht gefunden hat. Weil du ihm dabei hilfst, sein Problem zu lösen. Weil ihm sein Schuh nicht mehr drückt. Weil du ihm mit deinem Produkt neue Chancen eröffnest. Weil, weil, weil … Es gibt Tausende von Gründen, warum du deinen Kunden glücklich machst.

Und jetzt kommt's: Das ist die stärkste Motivation von Spitzenverkäufern: nicht Umsatz, nicht Provision, nicht dicker Firmenwagen, nicht teure Uhr, nicht mein Haus – meine Frau – meine Yacht, nicht Ruhm, Ehre, Bewunderung. Was Spitzenverkäufer umtreibt, ist der Moment, in dem die Augen seines Kunden leuchten und er dessen Dank spürt.

So funktioniert Verkauf schon seit Jahrtausenden: Wenn du deine Kunden glücklich machen willst, dann willst du nicht nur den einen Auftrag, du willst, dass sie gern bei dir kaufen – und deshalb immer wieder zu dir kommen.

Wenn du deine Kunden glücklich machst, dann kommen Umsatz und Provision ganz von allein.

59. Dein Job ist es, die Welt mit den Augen deiner Kunden zu sehen

Diese Typen kennen Sie bestimmt: Prospektverteiler, laufende Online-Shops, Technik-Nerds, Produktdetail-Junkies, Leistungsangebotsprediger, Produktphilosophie-Schwafler, Info-Duscher, Produktdemo-Fetischisten, Angebotspräsentationslangweiler, Folien-Onanisten. Sie alle haben eins gemeinsam: Sie sind Aufzähler von Produktmerkmalen und Produktvorteilen. Ihre Beratung erschöpft sich in der nicht enden wollenden Litanei von Produktdetails und Leistungsmerkmalen.

Aber dabei vergessen sie das Wichtigste – und darauf kommt es in der Bedarfsanalyse, in der Angebotspräsentation, in der Einwandbehandlung, im Preisgespräch und in der Abschlussphase entscheidend an: Den Kunden interessiert nur der Nutzen eines Angebots, den er selbst hat, der individuelle Benefit, der spezifische Mehrwert, den er von diesem Produkt hat.

Den individuellen Nutzen eines Angebots für den Kunden frühzeitig zu erkennen und dann im gesamten Verkaufsgespräch immer wieder ins Spiel zu bringen, das ist der Job jedes Verkäufers: den Bedarf und die Bedürfnisse seines Kunden identifizieren, die Lösung für ein Problem anbieten, das der Kunde selbst nicht lösen kann oder will, das eigene Angebot so modifizieren, dass es auf den Bedarf und die Bedürfnisse des Kunden passt wie die Faust aufs Auge, wie der Allerwerteste auf den Eimer.

Alles andere ist uninteressant, ist überflüssiges Gelaber – es sei denn, dein Kunde ist selbst ein detailverliebter Merkmalsfetischist. Dann gibst du ihm natürlich das, wonach er lechzt. Wenn er für seine

Kaufentscheidung weitere Informationen braucht, dann präsentierst du ihm diese Informationen auf dem Silbertablett. Ansonsten gilt: Es geht nicht um die Ziele des Verkäufers – zum Beispiel dem Kunden alle Angebotsdetails ins Knie zu schrauben. Es geht nicht um das, was du dir von deiner Provision kaufen willst (Auto, Haus, Boot). Es geht nicht darum, eine geile Performance abzuliefern, ein perfektes Verkaufsgespräch abzuspulen.

LAW 59

Das wahre und – im Sinne der Kundenbindung – nachhaltige Ziel eines richtig guten Verkäufers ist es, zu erkennen, was der Kunde wirklich will. Er stellt sich immer wieder die Frage: Warum soll dieser Kunde ausgerechnet mein Angebot auswählen? Was hat er davon? Und wie kann ich ihm eine Brücke zu meinem Angebot bauen?

So weit, so klar, oder? Aber wie bekommst du heraus, was dein Kunde will? Steht ja nicht wie beim Ratespiel auf dem Zettel, das an der Stirn desjenigen klebt, der einen Promi oder ein Tier erraten soll. Steht auch nicht in seinem Auftrag. Auch nicht im Claim unter seinem Logo oder in der Unternehmensphilosophie auf seiner Website. Und jetzt wird's richtig knifflig: Was der Kunde wirklich will, ist nicht zwangsläufig das, was er behauptet, zu wollen.

Ja klar, wenn der Kunde zu dämlich ist, zu sagen, was er will, dann ist das nicht dein Problem, nicht wahr? Das ist eine faule Ausrede! Du bist als Verkäufer der Experte dafür, herauszufinden, was dein Kunde will. Das ist dein Job, das ist eine deiner zentralen Herausforderungen, wenn du langfristig als Verkäufer erfolgreich sein willst.

Dafür gibt's keinen Zaubertrank, keinen Button, keine Gebrauchsanleitung. Wie alles ist es vor allem Handwerk, Handwerk, Handwerk und Übung, Übung, Übung. Und: Setzen Sie sich einfach mal auf den Stuhl Ihres Kunden und sehen Sie die Welt mit dessen Augen!

60. Der erste Eindruck prägt, der letzte Eindruck bleibt

Neulich am Ende des Verkaufsgesprächs: Schon während sein Kunde das Auftragsformular unterschreibt, beugt sich der Verkäufer voller Ungeduld über den Tisch. Der Kunde hat noch nicht mal den Kugelschreiber abgesetzt, da schnappt sich der Verkäufer schon das Formular und stopft es mit seinen anderen Unterlagen in seinen zweitklassigen Aktenkoffer. Das Notebook hat er schon eingepackt, als sein Kunde noch das Auftragsformular überflog.

Sagt der Kunde: »Ich freue mich schon auf die Lieferung und hoffe, dass sich das Gerät wirklich bezahlt macht ...« Während der Verkäufer seinem Kunden flüchtig die Hand schüttelt, sitzt er in Gedanken schon hinter dem Steuer seines Autos. Beim Rausgehen murmelt er noch ein austauschbares Lippenbekenntnis: »Ich melde mich!« Und Abflug. Handgestoppte 8,82 Sekunden. So schnell war nicht einmal Usain Bolt bei seinem Weltrekord. Fünf Minuten mehr für die Bild-Zeitung im McCafé um die Ecke. Das nennt man wohl Effektivität.

Wahrscheinlich war der erste Eindruck, den der Kunde von diesem Verkäufer hatte, ganz gut, denn sonst hätte er wohl kaum den Auftrag unterschrieben. Mit diesem desaströsen Abgang hat sich der Verkäufer allerdings jede Chance verbaut, diesen Kunden zu einem Stammkunden zu machen. Denn selbst, wenn er den Auftrag nicht storniert, obwohl ihn die Kaufreue quält: Was soll dieser Kunde von einem Verkäufer halten, der sich zwar die Zeit nimmt, sein Angebot lang und breit zu erläutern, dann aber keine zwei Minuten übrig hat, sich wie ein seriöser und professioneller Geschäftspartner zu verabschieden?

Auch wenn Ihr Einsatz nicht mit einem Auftrag belohnt wird: Schließen Sie jedes Gespräch ab, indem Sie freundlich »Auf Wiedersehen« sagen. So sorgen Sie nicht nur für einen souveränen Abgang, sondern halten sich außerdem die Option offen, Ihren Gesprächspartner letztlich doch noch zu einem begeisterten Kunden zu machen. Versorgen Sie Ihren Kunden weiterhin mit interessanten und nützlichen Informationen oder laden Sie ihn zu Vorführungen neuer Produkte ein. Geben Sie ihm das Gefühl, dass Sie den geplatzten Auftrag bedauern und er nicht nur ein Name auf Ihrer Kundenliste ist. Bleiben Sie an ihm dran, schenken Sie ihm immer wieder Ihre Aufmerksamkeit, seien Sie höflich hartnäckig.

LAW

60

Der erste Eindruck prägt, der letzte Eindruck bleibt. Mit der Unterschrift Ihres Kunden unter dem Auftrag ist das Verkaufsgespräch nicht beendet, im Gegenteil: Der Auftrag ist der Auftakt für eine Kundenbeziehung, nicht ihr Ende. Deshalb wahren Sie die Form, selbst wenn es bei Ihrem Kunden etwas lockerer zugeht.

Lassen Sie einen guten Eindruck zurück, denn dann wird aus Ihrem neuen Kunden vielleicht ein loyaler Stammkunde.

Klare und verbindliche Kunden-kommunikation

61. Der Ton macht die Musik

Am Telefon müssen Sie Ihren Kunden allein aufgrund seiner Wortwahl, seines Tonfalls und seiner Stimme einschätzen. Andere Signale, die Ihnen in einem persönlichen Gespräch wichtige Hinweise liefern, wie Ihr Kunde drauf ist, ob er gut oder schlecht gelaunt ist, konzentriert oder fahrig, nervös oder entspannt, müde oder hellwach, stehen Ihnen im Telefonat nicht zur Verfügung: seine Körpersprache, seine Mimik, seine Gestik.

Klar, bei Bestandkunden, die du regelmäßig anrufst und persönlich triffst, ist das einfacher. Da bekommst du als aufmerksamer Verkäufer schnell raus, wie dein Kunde tickt und worauf du beim Telefonat mit ihm achten musst. Das ist easy, keine Herausforderung für einen guten Verkäufer. Aber jetzt mal ehrlich: Wie schaut's mit deiner Lockerheit aus, wenn du kalt akquirierst? Wenn du deine Wunschkundenliste zückst und am Telefon Termine für persönliche Verkaufsgespräche vereinbaren willst? Das klingt eher nach Herausforderung, oder?

Bei der telefonischen Terminvereinbarung hast du in der Regel drei bis fünf Minuten Zeit, dein Ziel – einen Termin mit deinem Kunden – zu vereinbaren. Wesentlich weniger, als das bei einem persönlichen Gespräch der Fall ist. Und dann kannst du nicht mit deinem umwerfenden Lächeln, deinem perfekt sitzenden Maßanzug, deinem Montblanc-Füller, deiner Verkaufsmappe aus edlem Sattelleder mit handpolierten Messingverschlüssen und deinen klassischen Full-Brogue-Oxford-Schuhen punkten.

Da gibt's nur eins: Führen Sie das Telefonat trotzdem wie ein persönliches Gespräch. Stellen Sie sich vor, Ihr Gesprächspartner sitzt vor Ihnen. Denn das bedeutet, dass Sie am Telefon genauso natürlich schauen, sprechen, lächeln, sich bewegen wie im persönlichen Gespräch.

Trotzdem gibt's ein paar Verhaltensweisen, die Sie beim Telefonieren noch stärker als im persönlichen Gespräch beachten sollten:

LAW 61

- Glauben Sie nicht, dass sich ein gemütlicher Sessel positiv auf Ihre Stimme und Ihren Tonfall auswirkt. Ganz im Gegenteil: Früher oder später schlafen Sie ein – und Ihr Kunde schnarcht Ihnen schon länger etwas vor. Stehen Sie oder gehen Sie stattdessen herum, denn so klingen Sie entschlossener, Ihr Kunde ist aufmerksamer bei der Sache und das Telefonat wird automatisch kürzer.
- Vermeiden Sie eine monotone Sprechweise! Sie wollen den Käufer ja nicht einlullen oder mit einer Gute-Nacht-Geschichte in den Schlaf wiegen. Bringen Sie über Ihren Tonfall, Ihre Stimmfarbe, die Satzmelodie, über Höhen und Tiefen Abwechslung in das, was Sie sagen.
- Setzen Sie gezielt Sprechpausen ein, damit Ihr Gesprächspartner die Informationen verdauen kann und Ihre Nutzenargumente ihre Wirkung entfalten. So ist Ihr Kunde ganz Ohr! Vermeiden Sie Monologe mit Info-Overkill genauso wie unglaubwürdige, auswendig gelernte Gute-Laune-Floskeln und überschwängliche Komplimente.
- Passen Sie Ihr Sprechtempo an das Ihres Kunden an! Drücken Sie ein wenig auf die Tube oder bremsen Sie bewusst herunter, je nachdem, wie es die Situation erfordert.
- Machen Sie soziale Grunzlaute wie »Okay …«, »Hm …«, »Ich verstehe …«, »Ein interessanter Punkt …«, »Genau …«. Das vergrößert die Akzeptanz, die Ihr Gesprächspartner Ihnen entgegenbringt, und motiviert ihn, mehr über sich zu erzählen.

Laden Sie Ihren Kunden zum Sprechen ein. Nicht nur, um zu hören, was er sagt, sondern auch, WIE er es sagt. Zapfen Sie diese Informationsquelle geschickt an und machen Sie sich als aktiver Hinhörer ein Bild von Ihrem neuen Kunden!

62. Auch und gerade am Telefon: Locker bleiben!

Selbst wenn du manchmal einen anderen Eindruck hast: Auch Kunden sind Menschen und keine Aliens, die auf der Erde gestrandet sind. Richtige Menschen aus Fleisch und Blut. Auch Kunden haben gute und schlechte Tage, haben Stress zu Hause, im Job, mit ihrer besseren Hälfte, den Kindern, den Kollegen, dem Chef. Manchmal freuen sie sich, weil ihr Verein gewonnen hat, weil die neuen Schuhe perfekt sitzen, weil sie ein Kompliment oder Lob bekommen haben. Anders gesagt: Deine Kunden sind Menschen wie du selbst.

Wenn Sie also telefonieren, dann denken Sie daran: Am anderen Ende der Leitung sitzt zuerst einmal ein Mensch. Und wenn Sie diesem Menschen, mit dem Sie es gerade zu tun haben, eine Freude machen, dann freut Sie das doch auch, oder?

Übernehmen Sie deshalb die Führung beim Telefonieren. Stellen Sie Fragen, denn Sie wissen ja: Wer fragt, der führt. Seien Sie dabei locker und entspannt. Wie das geht? Ganz einfach: Stehen Sie beim Telefonieren, gehen Sie herum! Mit einem Headset bewegen Sie sich ganz frei, können mit den Händen reden und Ihre ganze Persönlichkeit im Gespräch einbringen. So verleihen Sie Ihrer Stimme Authentizität, Lockerheit und Souveränität. Sie werden staunen, wie viel besser und kreativer Sie im Stehen telefonieren.

Und vor allem lächeln Sie! Ihre gute Stimmung beeinflusst das Telefonat spürbar, denn sie ist für Ihren Kunden hörbar. Und gute Laune steckt ja bekanntermaßen an. Außerdem lassen sich Kunden von gut gelaunten Verkäufern bereitwilliger führen. Punkten Sie darüber hinaus mit Humor, denn Humor kommt immer gut an. Wer dem Kunden ein Lächeln entlockt oder ihn gar zum Lachen bringt, hat seine Sympathie gewonnen.

Aber Vorsicht: Vermeiden Sie auf jeden Fall sarkastische oder gar zynische Bemerkungen, ebenso brisante Themen aus Politik, Gesellschaft und Religion. Insbesondere unfreundliche, beleidigte, aggressive oder reklamierende Kunden beziehen solche Aussagen, selbst harmlose Späßchen, gern auf sich selbst. Liefern Sie solchen schwierigen Kunden keinerlei Munition, die diese auf Sie abfeuern könnten. Bleiben Sie außerhalb der Schusslinie, auch wenn Sie die angespannte Stimmung auflockern wollen.

Und wenn es trotzdem mal schwierig wird: Bleiben Sie locker – egal, bei wem der Fehler liegt. Denn Ihre Verkrampfung hört Ihr Gesprächspartner sofort. Und so entspannen Sie sich: Halten Sie sich kurz an der Tischkante fest, drücken Sie Ihre Füße fest auf den Boden und lächeln Sie! So bleiben Sie freundlich und kooperativ, nehmen Ihrem Kunden den Wind aus den Segeln und behalten die Kontrolle über das Gespräch.

 **Auf den Punkt gebracht: Freundlichkeit, Begeisterung, Emotionalität sind eine Sprache, die selbst Taube hören und Blinde lesen.**

63. Dein Körper lügt nicht

Kennen Sie das? Lascher Händedruck bei der Begrüßung. Der Verkäufer guckt seinen Kunden dabei an, als würde ihn dieser jetzt mit unangenehmen Fragen belästigen. Schlägt seine Beine übereinander, sodass das untere Bein mit der vollen Breitseite zum Kunden schaut, und verschränkt seine Arme vor der Brust. Mauerbau mit ultradichtem Körpersprachen-Mörtel.

Solche Verkaufsgespräche machen einem Kunden richtig Spaß – vor allem, wenn sein Tag schon gut begonnen hat mit Stau auf dem Weg ins Büro, der Absage eines wichtigen Auftrags, Mitarbeitern, die sich krankgemeldet haben, Termindruck wegen eines Kundengesprächs ... Und dann ein Verkäufer, der mit seiner Gestik, Mimik, seiner Stimme, mit seinem gesamten Körperausdruck signalisiert: Wir haben zwar einen Termin vereinbart, aber ich habe gar keine Lust auf ein Verkaufsgespräch mit dir. Ich will hier raus, ich habe keine Lust, mit dir, Kunde, zu sprechen. Kunde, du bist mir unsympathisch.

Zu Beginn eines Gesprächs bestimmt vor allem die Körpersprache den ersten Eindruck vom Gegenüber. Sie wirken auf Ihre Kunden, auch wenn Sie nichts sagen. Sie kennen ja den berühmten Spruch von Paul Watzlawick: Du kannst nicht nicht kommunizieren.

• Vermeiden Sie missverständliche Körpersignale, mit denen Sie unnötige Kommunikationsbarrieren aufbauen. Gewinnen Sie das Vertrauen Ihres Kunden durch natürliche, ruhige Bewegungen, denn Ihr Gesprächspartner sucht Ruhe und Sicherheit in Ihren Gesten.
• Suchen Sie frühzeitig den Blickkontakt Ihres Gesprächspartners. So sorgen Sie dafür, dass er Ihre ersten Worte aufmerksam wahrnimmt. Achten Sie während des folgenden Gesprächs auf die

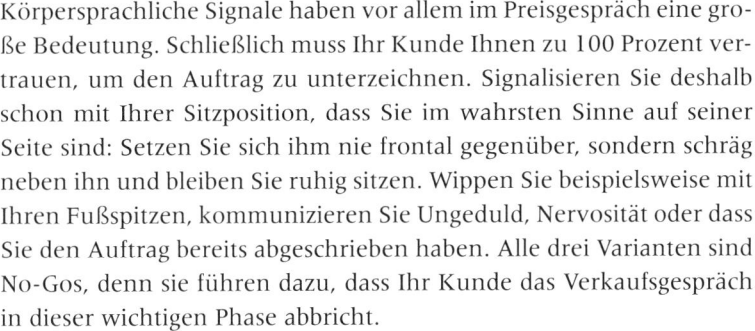

Augen Ihres Kunden. Sie erkennen an seinen Blicken, wie er reagiert – auf das, WAS Sie sagen und WIE Sie es sagen.

- Achten Sie auf die Stimme und den Blick Ihres Kunden, wenn er Einwände formuliert: Schaut er Ihnen dabei fest in die Augen oder weicht er Ihrem Blick aus? Spricht er deutlich oder leise, hastig oder langsam? Wie sind seine Bewegungen? Fahrig, hektisch und nervös oder ruhig und gleichmäßig? Und welche Schlüsse ziehen Sie daraus für Ihre Einwandbehandlung und Verkaufsargumentation?

Körpersprachliche Signale haben vor allem im Preisgespräch eine große Bedeutung. Schließlich muss Ihr Kunde Ihnen zu 100 Prozent vertrauen, um den Auftrag zu unterzeichnen. Signalisieren Sie deshalb schon mit Ihrer Sitzposition, dass Sie im wahrsten Sinne auf seiner Seite sind: Setzen Sie sich ihm nie frontal gegenüber, sondern schräg neben ihn und bleiben Sie ruhig sitzen. Wippen Sie beispielsweise mit Ihren Fußspitzen, kommunizieren Sie Ungeduld, Nervosität oder dass Sie den Auftrag bereits abgeschrieben haben. Alle drei Varianten sind No-Gos, denn sie führen dazu, dass Ihr Kunde das Verkaufsgespräch in dieser wichtigen Phase abbricht.

Geben Sie Ihrem Kunden zusätzliche Sicherheit, indem Sie ihm in die Augen schauen und ihm konzentriert zuhören, während er spricht. Das vermittelt ihm Ihre Botschaft: Ich nehme ernst, was dich bewegt – was dir wichtig ist, ist auch mir wichtig. Nicken Sie dabei immer wieder und zeigen Sie Ihre offenen Handflächen, wenn Sie selbst etwas sagen. Mit dieser Haltung zeigen Sie, dass Sie aufrichtig sind und davon überzeugt, dass Ihr Angebot das richtige für Ihren Kunden ist.

64. Das Einmaleins der Kommunikation: Klar und präzise formulieren!

»Nein, das sehe ich nicht so wie Sie, denn wenn man zu einer für beide Seiten erfreulichen Einigung kommt, was dieses eigentlich unschlagbare Angebot betrifft, dann könnte ich eine reibungslose Lieferung vor dem 22. Juli organisieren.«

Iiiiaaaaa – iiiiaaaaa – iiiiaaaaa ... Achtung, Achtung! Code Red, höchste Alarmstufe, sämtliche Sirenen am Anschlag! Das ist der absolute Super-GAU unter allen Verkäufersprech-Durchfallerkrankungen. Eine Aneinanderreihung verkaufsrhetorischer Fettnäpfchen, die bei jedem erfahrenen Einkäufer und Entscheider einen heftigen Würgereflex verursacht. Kurz durchschnaufen – und jetzt der Reihe nach:

- Schachtelsätze mit Nebensätzen und Einschüben haben im Verkauf nichts verloren, egal ob in der schriftlichen Kommunikation oder im Gespräch. Sie kennen das KISS-Prinzip? Keep it short and simple: Gebrauchen Sie kurze Hauptsätze!
- Streichen Sie Nein aus Ihrem Wortschatz! Nein bedeutet Ablehnung, die Ihr Kunde nun wirklich nicht hören und spüren will. Konzentrieren Sie sich auf das, was geht, und nicht auf das, was nicht geht. Es klingt einfach freundlicher. Auch wenn das, was Sie realisieren, weniger ist als das, was sich Ihr Kunde wünscht.
- »Ich« gehört zu den am häufigsten gebrauchten Worten, denn wer redet nicht gern von sich, seinen Produkten, seinem Unternehmen? In der Verkaufskommunikation steht aber Ihr Kunde im Mittelpunkt! Schreiben und Sprechen Sie deshalb von »Sie« und »Ihr« statt von »ich«, »wir«, »mein« und »unser«.
- Wer »man« sagt, der meint jeden – und damit niemanden. Der will die Verantwortung für das, was er sagt, von sich wegschie-

ben. Das Füllwort »eigentlich« ist eine Einschränkung, die das Gesagte relativiert. Beides verunsichert Ihren Kunden. Dabei benötigt er gerade in der Abschlussphase die Sicherheit, sich für das beste Angebot zu entscheiden – Ihr Angebot.

LAW

64

- »Könnte«, »möchte«, »dürfte« sind Konjunktive, die viele aus falsch verstandener Höflichkeit nutzen. Konjunktive verraten aber nur Ihre Unsicherheit. Wer im Konjunktiv spricht, glaubt nicht an das, was er sagt. Und wie soll Ihr Kunde sich bei Ihrem Angebot sicher sein, wenn er spürt, dass Sie es selbst nicht sind?
- Worte wie reibungslos, störungsfrei, problemlos und einwandfrei sind gut gemeint, kommen aber denkbar schlecht beim Kunden an. Sie lösen negative Assoziationen aus, denn Reibung, Störung, Problem und Einwand sind die Begriffe, die bei Ihrem Kunden hängenbleiben. Verwenden Sie positive Begriffe wie glatt, direkt, frei, kinderleicht, schnell, komplett, einfach oder das gute, alte Wort »gut«.

Nicht falsch verstehen: Das heißt, keiner verlangt, dass Sie als Verkäufer mit rhetorischer Finesse glänzen. Ihr Kunde erwartet nicht, dass Sie Ihr Angebot sprachlich aufmotzen, wie es manche Weihnachtsfanatiker mit ihren Edeltannen tun. Er mag es vielmehr, wenn Sie Ihr Anliegen präzise und eindeutig formulieren: ohne Schnickschnack, ohne Drumherum-Gelaber, ohne Schnörkel, ohne Konjunktive – kundenorientiert, kurz, prägnant. Sagen Sie dem Kunden, welchen Nutzen er mit Ihrer Lösung erhält. Damit bringen Sie den Bedarf und die Kaufmotive Ihres Kunden mit Ihrem Angebot in Einklang.

Punktgenaue Formulierungen sind die Basis erfolgreicher Verkaufskommunikation. Ihr Kunde wird es Ihnen mit dem Auftrag danken.

65. Topverkäufer sprechen nur über Dinge, die ihre Kunden interessieren

Quälen Sie Ihren Kunden zum Gesprächseinstieg nicht mit Plattitüden – »Schönes Büro haben Sie« –, Fragen, deren Antworten offensichtlich sind – »Ist das Ihr Büro?« –, unterwürfigen Dankbarkeitsbezeugungen – »Vielen Dank, dass Sie Zeit für mich gefunden haben« – oder anderen überflüssigen Sprechblasen.

Gehen Sie stattdessen auf aktuelle Entwicklungen in der Branche und am Markt ein. Das wird Ihren Kunden weit mehr interessieren. Außerdem bewegen Sie sich auf sicherem Terrain, zeigen Ihrem Kunden, dass Sie informiert sind, und geben ihm das Gefühl, dass Sie an seiner Einschätzung interessiert sind. Das ist ein professioneller Einstieg, der den Übergang zum Grund Ihres Besuchs erleichtert. Sie sind Verkäufer und wollen etwas verkaufen. Das weiß auch Ihr Kunde. Also kommen Sie schnell zum Wesentlichen!

Verpassen Sie deshalb vor lauter enthusiastischem Spezialistengeplauder nicht, nutzenorientiert zu argumentieren. Verkäufer sind (meist) Experten für ihre Produkte und neigen dazu, sich mit Produktmerkmalen und Fach-Chinesisch besoffen zu schwafeln. Selbst wenn ihre Kunden sich bemühen, steigen diese irgendwann aus und verstehen nicht mehr, was ihnen diese lebenden Bedienungsanleitungen mit hochrotem Kopf, hektischen Handbewegungen und sich überschlagender Stimme eigentlich erklären.

Topverkäufer sprechen ausschließlich über Dinge, die ihren Kunden wirklich interessieren. Sie achten immer darauf, Produktmerkmale in Produktvorteile und Kundennutzen zu übersetzen. Ob ihnen ihre Kunden noch folgen, kontrollieren sie jederzeit, indem sie die

Mimik und Gestik ihrer Kunden im Blick behalten.

LAW

65

Info-Duscher hingegen reden gern ohne Punkt und Komma auf ihre Kunden ein nach dem Motto »Nur ein totgequatschter Kunde ist ein guter Kunde«. Dabei sind Kunden nicht in der Lage, all die Informationen so schnell zu verarbeiten. Setzen Sie deshalb gezielt Sprechpausen ein. Lassen Sie Ihrem Gesprächspartner Zeit, die Informationen zu verdauen, denn dann bekommen Ihre Worte Gewicht und entfalten ihre Wirkung. So ist Ihr Kunde ganz Ohr.

Achten Sie auch auf Ihr Sprechtempo. Legen Sie je nach Gesprächssituation eine Schippe drauf oder drosseln Sie Ihr Tempo ein wenig. Insbesondere wenn Sie den Nutzen Ihres Angebots für Ihren Kunden thematisieren, sprechen Sie langsamer, damit Ihnen Ihr Kunde leicht folgen kann. Wenn Sie bereits besprochene Details wiederholen, haken Sie diese Punkte zügig ab. Übernehmen Sie aber nicht den Tonfall Ihres Kunden oder Formulierungen, die er gern verwendet. Das kann schnell den Eindruck erwecken, Sie würden versteckte Kamera mit ihm spielen. Strapazieren Sie also nicht über Gebühr den Humor Ihrer Kunden! Kunden brechen das Gespräch meist sehr schnell ab, wenn sie sich veräppelt fühlen.

Ob Terminvereinbarung, Bestandskundenpflege, direkter Telefonverkauf oder Zusatzverkauf – stellen Sie den Nutzen für Ihren Gesprächspartner präzise, anschaulich und verständlich dar. Fahren Sie Ihre Antennen aus, um schnell herauszufinden, wie viel Informationen Ihr Kunde verträgt. Orientieren Sie sich an seinem Sprachduktus! Aber verbiegen Sie sich dabei nicht! Nur wenn Sie authentisch kommunizieren, wenn Sie Ihre eigene Sprache beibehalten, dann bleiben Sie glaubwürdig.

66. Schlagfertigkeit heißt, gut vorbereitet zu sein

Das hat jeder, wirklich jeder Verkäufer schon einmal erlebt: Du hast dich gewissenhaft und professionell auf das Verkaufsgespräch vorbereitet. Du hast alle Eventualitäten ins Kalkül gezogen. Du hast alles, was dein Kunde an Fragen, Einwänden, Wünschen ins Spiel bringen könnte, auf dem Schirm – und natürlich die passenden Antworten und überzeugenden Argumente dafür. Und dann passiert das, mit dem du partout nicht gerechnet hast: Dein Kunde sagt oder fragt etwas, das du nicht in 100 Jahren auf dem Zettel haben würdest, das dich zum Stottern bringt, wenn du überhaupt vor lauter Verblüffung einen Ton herausbringst. Dein Kunde hat dich auf dem falschen Fuß erwischt. Er wartet auf deine Antwort. Aber dir fällt nichts ein. Null, niente, nada.

Die gute Nachricht: Auch Spitzenverkäufern ist das schon passiert. Die schlechte Nachricht: Schlagfertigkeit ist nicht angeboren, es gibt kein Gen oder Hormon dafür, das du mit einer Pille, mit Hypnose, Gen-Manipulation, mit einem Fingerschnippen oder per Button aktivieren kannst. Es gibt dafür nur ein Rezept mit drei Zutaten: erstens ein gesundes Selbstbewusstsein, zweitens deine unumstößliche Überzeugung, das optimale Angebot für deinen Kunden zu haben, und drittens Training.

Schlagfertigkeit trainieren? Das ist doch ein Widerspruch in sich, meinst du? Lässt sich nicht miteinander vereinbaren, so wie Chancentod und Goalgetter, Donald Trump und Mutter Teresa, gutes Bier und alkoholfrei, Daniela Katzenberger und Abitur, Cindy aus Marzahn und Germany's Next Topmodel, Fisch und Rotwein?

Geht doch! Beispiel gefällig? Gerade in der Einwandbehandlung ist Schlagfertigkeit wichtig. Insbesondere wenn Ihr Kunde den allseits bekannten und vorhersehbaren Vor- oder Einwand liefert, dass Ihr Angebot ja zu teuer sei, muss Ihre Antwort wie aus der Pistole geschossen kommen. Und das funktioniert nur, wenn Sie passende Sprüche auswendig lernen. Denn nur dann feuern Sie den ersten Spruch ab, der Ihnen einfällt – ohne auch nur im Geringsten zu zögern, mit Tempo, deutlich und mit fester Stimme, zum Beispiel:

LAW 66

- Billig haben wir nicht im Angebot.
- Ich will Sie als Kunden gewinnen – nicht Umsatz kaufen.
- Klar kann ich Ihnen einen günstigeren Preis machen. Wenn Sie bei der Leistung Abstriche machen. Wo wollen Sie abspecken? Was lassen Sie weg?
- Wenn Ihnen Kompetenz zu teuer ist, dann probieren Sie es doch mal mit Inkompetenz.
- Geiz ist geil. Unsere Leistung ist viel geiler.
- Wenn wir vorn kein Geld einnehmen, geben wir hinten auch kein Geld für Service aus.

Wichtig: Nicht jeder Spruch passt zu jedem Verkäufer und zu jedem Kunden. Selbstverständlich entsprechen Ihre Antworten Ihrer Verkäuferpersönlichkeit, Ihrem Unternehmen, Ihrem Angebot, der Gesprächssituation und natürlich Ihrem Kunden. Deshalb reicht es auch nicht, nur ein oder zwei Standardsprüche im Lauf zu haben. Sie brauchen schon mehr Munition.

Seien Sie verbal stark, aber immer mit einem Lächeln und einem Augenzwinkern. Dann merkt Ihr Kunde sofort, dass Sie in der Sache klar Position beziehen, aber gleichzeitig die Souveränität besitzen, dabei locker zu bleiben. So geht schlagfertig!

67. Small Talk nur, wenn der Kunde anfängt

Kommt ein Verkäufer zum Ersttermin ins Büro seines Kunden, sieht ein liebevoll gestaltetes 1000-Liter-Seewasseraquarium mit Wasserpflanzen, Korallen, Tuffgestein, Weißglas-Frontscheibe, LED-Wechselbeleuchtung, HMF-Filtersystem, Doktor- und Anemonenfischen und anderen exotischen Tieren – und fragt: »Sie mögen Fische?«

Ersparen Sie Ihren Kunden Aussagen, die nichts anderes erklären als das, was offensichtlich ist. Sie gehen doch auch nicht ins Stadion und fragen die Spieler, ob sie gern Fußball spielen. Oder in eine Vernissage und fragen den Künstler, ob er gern malt. Hier eine kleine Liste mit Themen, die nach Hardcore-Small-Talk stinken und/oder bei denen Sie sich ganz am Abgrund bodenloser Fettnäpfchen entlangbewegen:

• Private Themen haben von Ihrer Seite aus im Gespräch nicht das Geringste verloren, solange es ums Geschäft, einen Auftrag und andere Business-Themen geht. Für Privates ist nur, wenn überhaupt, bei einem persönlichen Treffen Zeit. Und dann auch nur, wenn Sie sich sehr gut kennen und Ihr Kunde von sich aus darauf zu sprechen kommt.

• Sprechen Sie nicht über Themen, von denen Sie nichts oder auch nur die Hälfte verstehen. Versuchen Sie nicht, mit Halbwissen zu glänzen, um Ihren Kunden zu beeindrucken. Der Schuss geht schnell nach hinten los. Offen zuzugeben, dass Sie sich mit einem Thema nicht auskennen, zeugt von weit größerer Souveränität, als ein paar kleine Wissensbröckchen zusammenzukratzen, Expertenstatus vorzutäuschen und sich anschließend krachend zu blamieren, weil Ihr Kunde der wahre Experte auf diesem Gebiet ist.

• Wenn Sie merken, dass Sie in einem Thema tatsächlich mehr wissen als Ihr Kunde: Dämpfen Sie Ihr Ego, geben Sie nicht der Versuchung nach, triumphieren zu wollen. Es reicht, wenn Ihr Kunde

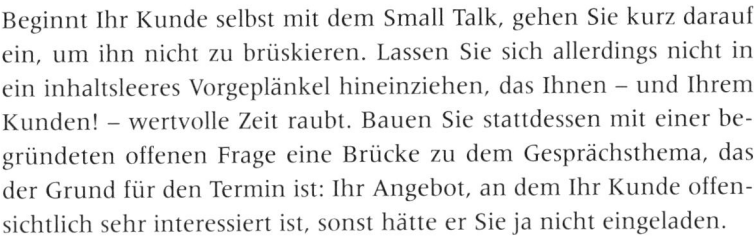

anhand weniger Bemerkungen Ihren Sachverstand bemerkt.

- Plappern Sie nicht los, indem Sie übers schlechte Wetter herziehen oder ähnliche unbedenkliche Themen ansprechen. Diese sind zwar harmlos – aber eben auch belanglos.
- Tabu-Themen wie Religion, Politik, Gesundheit sind nur zum richtigen Zeitpunkt erlaubt und mit Gesprächspartnern, die Sie auch sehr gut kennen und in diesen Punkten entsprechend sicher einzuschätzen wissen. Aber niemals am Beginn eines persönlichen Gesprächs, eines Telefonats oder anderer Termine!

Beginnt Ihr Kunde selbst mit dem Small Talk, gehen Sie kurz darauf ein, um ihn nicht zu brüskieren. Lassen Sie sich allerdings nicht in ein inhaltsleeres Vorgeplänkel hineinziehen, das Ihnen – und Ihrem Kunden! – wertvolle Zeit raubt. Bauen Sie stattdessen mit einer begründeten offenen Frage eine Brücke zu dem Gesprächsthema, das der Grund für den Termin ist: Ihr Angebot, an dem Ihr Kunde offensichtlich sehr interessiert ist, sonst hätte er Sie ja nicht eingeladen.

Wichtig: Small Talk ist nicht per se falsch. Ganz im Gegenteil: Small Talk ist sehr wichtig für eine gute Gesprächsatmosphäre, die dazu beiträgt, den Kunden in Kauflaune zu bringen. Sie können zum richtigen Zeitpunkt mit dem passenden Kunden über alles reden, inklusive Politik, Religion, Sex und andere ansonsten heikle Themen. Aber eben nicht zu Beginn oder am Ende einer Geschäftsbeziehung. Nicht beim ersten Gespräch, sondern erst dann, wenn zwischen Ihnen und Ihrem Kunden ein starkes Vertrauen herrscht.

Seifen Sie Ihren neuen Kunden nicht mit Small Talk à la »Wie geht's Ihnen?« ein. Kommen Sie schnell zum Thema! Ihr Kunde weiß doch, dass Sie als Verkäufer wegen eines Auftrags da sind: Seien Sie ehrlich und aufrichtig, statt herumzudrucksen und Ihren Kunden mit Small Talk zu langweilen.

68. Dein Kunde mag es, wenn du zügig zur Sache kommst

»Danke, dass Sie sich Zeit für mich genommen haben ...«, »Danke für Ihr Interesse an unserem Angebot ...«, »Ich freue mich, Sie besuchen zu dürfen ...«, »Wenn ich mal fragen darf ...« – solche Einstiegssätze bekommt Ihr Kunde genug zu hören. Von Verkäufern, die auf Teppichkantenhöhe ins Büro des Kunden kriechen, von Masochisten im Außendienst, farblosen Kundendatenbankverwaltern, »Der-Kunde-ist-mein-Gott«-Gläubigen. Solche Einstiegssätze zu Beginn eines Gesprächstermins sind völlig unangebracht, denn sie signalisieren dem Kunden: »Ich bin so glücklich, einen Termin mit dir ergattert zu haben, deshalb kannst du mich behandeln, wie du willst.« Diese unterwürfige Haltung hat fatale Folgen für den weiteren Verlauf des Gesprächs, weil der Kunde dieses Angebot gern annimmt.

Es geht auch ganz anders: »Mal angenommen, Sie machen sich selbst davon ein Bild, dass wir für Sie der richtige Geschäftspartner sind. Und wir bekommen zusammen die Bedarfsanalyse so gut hin, dass Sie selbst erkennen, dass wir für Sie das maßgeschneiderte Angebot haben. Sagen Sie dann: ›Ja, Sie sind mein neuer Partner!‹ Haben wir Sie dann als neuen Kunden gewonnen?«

Zu frech, zu offensiv, die vorbereitende Abschlussfrage als Einstiegsformulierung? Natürlich wird Ihr Kunde nicht gleich in Ihr Angebot einwilligen. Aber durch die persönliche Ansprache, durch die Aussicht, Partner zu werden, also eine fruchtbare geschäftliche Verbindung einzugehen, stellen Sie sofort eine emotionale Bindung her. Und Sie machen Ihrem Kunden klar, dass Sie wegen des Auftrags kommen, denn das ist Ihr Job! Deshalb reden Sie nicht um den heißen Brei herum, kommen Sie schnell zur Sache und ohne Umschweife zum Wesentlichen.

Dieses schnörkellose Vorgehen hat noch einen anderen Vorteil: »Keine Zeit« ist in den letzten Jahren zum Haupteinwand der Kunden bei Akquiseversuchen geworden. Dein Kunde arbeitet nur so lange mit dir zusammen, wie er einen Nutzen davon hat. Also kein belangloses Vorgeplänkel und keine devoten »Ich-küsse-deine-Füße«-Einstiegssätze. Bring es auf den Punkt und finde schnell heraus, welche Lösung du deinem Kunden bieten kannst.

LAW 68

Eine andere Möglichkeit, den Kunden schnell dazu zu bringen, über seinen Bedarf, seine Wünsche und Ihr Angebot zu sprechen, ist, einfach zu schweigen, sobald Sie nach der Begrüßung beide am Verhandlungstisch sitzen: 21, 22, 23 … Auch wenn Ihnen das Schweigen selbst unangenehm ist: Fangen Sie nicht an, von sich aus zu reden, denn Sie bringen sich damit selbst in eine schwächere Verhandlungsposition. Warten Sie ab, bis Ihr Kunde von sich aus das Schweigen beendet. Beginnt er von sich aus, über das Gesprächsthema zu reden, freuen Sie sich! Denn das ist für Sie der Startschuss, um das Gespräch mit Fragen zu führen. Schweigt Ihr Kunde hingegen wie Sie etwa vier Sekunden lang, eröffnen Sie das Gespräch mit einer begründeten offenen Frage und nehmen damit das Heft in die Hand.

 **Ob vorbereitende Abschlussfrage oder taktisches Schweigen: Zeigen Sie Ihrem Kunden, dass Sie ein starker Geschäftspartner sind, der sein hervorragendes, individuell auf den Kunden abgestimmtes Angebot verkaufen möchte.**

69. | Dialoge statt Monologe

Info-Duschen in der Angebotspräsentation mit nervtötenden Aufzählungen auch der detailliertesten Produktmerkmale: Geht gar nicht! Kein Kunde kann all die Informationen abspeichern, geschweige denn richtig einordnen. Und selbst wenn er es könnte, wüsste er immer noch nicht, welchen individuellen Nutzen er konkret von deinem Angebot hat.

Wortreiche, weil verzweifelte Überredungsversuche in der Einwandbehandlung: No-Go. Bringt dein Kunde außer den üblichen noch andere Einwände gegen dein Angebot vor, dann versuche nicht, ihn mit weitschweifigen Erläuterungen anderer Produktvorteile von seinem Einwand abzubringen. Das verärgert deinen Kunden nur, weil er dein Manöver schnell durchschaut und den Eindruck bekommt, dass du nichts zu seiner Frage auf der Pfanne hast. Professionell geht anders!

Ermüdende PowerPoint-Folienschlachten, langatmige Monologe, geschwätzige Ablenkungsmanöver, überschwängliche Floskeln und anderes einseitiges Dauergeplapper sind Gift im Kundengespräch. Stattdessen greifen Sie auf diese bewährten rhetorischen Mittel zurück: Pausen einbauen, Fragen stellen, Paraphrasieren.

Bauen Sie in Gesprächsphasen, in denen Ihr Gesprächsanteil notwendigerweise höher ist, ganz bewusst immer wieder Pausen ein. So geben Sie Ihrem Kunden die Gelegenheit, das Gehörte zu verdauen. Sie wiederum erkennen an der Reaktion Ihres Kunden, wie Ihre Worte bei ihm angekommen sind: Runzelt er die Stirn? Hat er eine Frage? Lehnt er sich entspannt zurück oder beugt er sich noch weiter vor? Hebt er die Augenbrauen? Lächelt er vielleicht sogar ein bisschen? Außerdem ordnen Sie in diesen Pausen Ihre nächsten Gedanken und Worte, um weiter überzeugend zu argumentieren.

Ihr Kunde erwartet von Ihnen einen part-
nerschaftlichen Dialog. Mit Fragen ma-
chen Sie ihn glücklich: Sie fragen ihn
nach seiner Meinung, Sie bekunden Interesse an ihm, Sie geben ihm das Gefühl,
dass er als Person mit seinen Wünschen
und Bedürfnissen gefragt ist. Insofern erzeu-
gen Fragen immer auch Sympathie und Nähe.
Kaum etwas im Verkaufsgespräch ist abtörnender
für einen Kunden als der Eindruck, nur Statist in dem Film zu sein,
in dem er eigentlich die Hauptrolle spielen will. Und selbst wenn Ihr
Kunde sehr auskunftsfreudig ist: Nur durch gezielte Fragen bekommen Sie die Antworten auf die Frage, was Ihr Kunde genau will.

Beim Paraphrasieren wiederholen Sie die Aussagen Ihres Gesprächspartners in verkürzter Form und eigenen Worten. Das hat folgende
Vorteile: Zum einen prüfen Sie, ob Sie Ihren Kunden richtig verstanden haben. Zum anderen geben Sie Ihrem Kunden die Chance, Ihre
Darstellung gegebenenfalls zu korrigieren. Nutzen Sie dabei Formulierungen wie:

• Sie sind der Meinung, dass …
• Habe ich Sie richtig verstanden, dass …?
• Wenn ich Sie richtig verstehe, dann …
• Sie suchen eine Lösung für …
• Meinen Sie damit, dass …?
• Wenn Sie sagen, dass … bedeutet dies dann, dass …?

Topverkäufer nutzen diese Technik, um ihre Nutzenargumente aus
den Aussagen und den Worten ihrer Kunden zu formen. So stellen sie
sicher, dass Sie den Vorstellungen ihrer Kunden so nahe wie möglich
kommen, und steigern die Wirkung ihrer Worte zusätzlich.

Pausen, Fragen und Paraphrasieren – im Zusammenspiel richtig
eingesetzt, sind diese drei Rhetorik-Tools ein echtes Powerpack mit
Wirksamkeitsgarantie. Probieren Sie es aus!

70. | Hinhören statt zuhören

Kleines Quiz à la »Wer wird Millionär« gefällig? Worin liegt der Unterschied zwischen Zuhören und Hinhören?

A Wer zuhört, ist zu, wer hinhört, ist ...
B Wer jemand anderem zuhört, erfasst das, was er selbst kennt, wer hinhört, versetzt sich in den Sprecher.
C Zuhörer sitzen am Radio, Hinhörer sind persönlich anwesend.
D Zuhörer tragen geschlossene Kopfhörer, Hinhörer nur kleine In-ear-Hörer.

Publikums- und Telefonjoker sind nicht zugelassen ... 21, 22, 23 ... Drücken Sie jetzt den Button!

Topverkäufer wissen: Zwischen Hinhören und Zuhören besteht ein riesiger Unterschied. Die Wünsche seines Kunden wahrzunehmen, ist das eine. Zu erkennen und zu verstehen, welche Bedeutung er diesen Wünschen und damit dem eigenen Angebot beimisst, ist das andere.

Beim Zuhören filterst du aus den Worten deines Kunden vor allem nur das heraus, was du vor dem Hintergrund deiner eigenen Erfahrungen selbst kennst. Deine Ohren sind »zu« für die Bedeutung, die dein Kunde seinen Wünschen beimisst. Beim Hinhören hörst du in deinen Kunden hinein. Du erfasst seine Gefühle und Gedanken. Deine Ohren öffnen sich hin zu den Wünschen und Vorstellungen deines Kunden. Als aufmerksamer Hinhörer betrachtest du dein Angebot aus dem Blickwinkel deines Kunden.

Unverzichtbar für dieses tiefere Verständnis ist, dass Sie Ihren Kunden mit seinen Schwächen akzeptieren. Seien Sie tolerant:

- Bewerten Sie nur den Inhalt seiner Ausführungen und lassen Sie sich nicht von Sprachmängeln, einem Dialekt oder einem Akzent ablenken.
- Konzentrieren Sie sich auf das, was er sagt und meint, und darauf, welche dieser Informationen Sie für Ihre Argumentation nutzen können.
- Lassen Sie ihn aussprechen, halten Sie Blickkontakt und machen Sie sich Notizen, um Informationen für Ihre Antwort zu sammeln.
- Antworten Sie nie, bevor Sie nicht alles richtig erfasst und verstanden haben. Kommentieren Sie die Ausführungen Ihres Kunden nicht, sondern geben Sie ihm Zeit, zu erklären, was ihm wichtig ist.

LAW

70

Vor allem in der Einwandbehandlung ist es für Ihren Kunden wichtig, dass Sie seine Argumente nicht nur zur Kenntnis nehmen, sondern wirklich verstehen, wie wichtig ihm der eine oder andere Punkt ist. Durch aktives Hinhören signalisieren Sie, dass Sie seine Argumente ernst nehmen. So bedienen Sie ein zutiefst menschliches Gefühl: das Bedürfnis, verstanden zu werden. Und wer seinem Kunden dieses Gefühl vermitteln kann, gewinnt dessen Vertrauen.

Als Zuhörer nehmen Sie die Aussagen und Fragen Ihres Kunden nur auf und beantworten Sie eins zu eins. Als aktiver Hinhörer lassen Sie ihn über seine Wünsche und (Kauf-)Motive sprechen. Zum einen liefert er Ihnen damit entscheidende Hinweise für Ihre Nutzenargumentation, zum anderen fühlt er sich bei Ihnen gut aufgehoben. So führen Sie ihn nicht nur in Richtung Abschluss, sondern binden ihn auch an sich.

 **Wenn Sie hinhören, machen Sie Ihren Kunden zu Ihrem Fan.**

71. Dein Kunde will seinen Namen hören

Spitzenverkäufer wissen: Nichts hören ihre Kunden lieber als ihren eigenen Namen. Daher haben sie es für sich zum Standard gemacht, den Namen des jeweiligen Kunden im Gespräch immer wieder zu nennen.

Wer seinen Namen im Gespräch wiederholt hört, fühlt sich beachtet, wertgeschätzt, geschmeichelt. Ihr Kunde nimmt Sie als aufmerksamer Gesprächspartner wahr, insbesondere beim ersten Termin. So sammeln Sie ganz leicht nebenher Sympathie- und Pluspunkte.

Außerdem präsentieren Sie mit der direkten Ansprache Ihrem Kunden den Nutzen Ihres Angebots ganz unmittelbar, so als würden Sie dieses Angebot exklusiv nur ihm machen: »Frau Meier, wenn Sie selbst erst einmal die Rückwärtskamera ausprobiert haben und feststellen, wie gut sie Ihnen beim Einparken hilft ...«

Bei Ich- oder Wir-Formulierungen verabschiedet sich dagegen selbst der geduldigste Kunde früher oder später gedanklich in die Kaffeepause: »Wir haben die Performance unserer Software noch einmal um 13 Prozent gesteigert. Ich selbst habe bei diversen Testläufen zugeschaut und den Software-Ingenieuren noch Tipps für die Verbesserung der Usability gegeben, damit auch das Responsive Design verbessert wird ...« Gääääääääähhhhhhhnnn ...

Es geht noch schlimmer: Man-Formulierungen sind der Gipfel der Unpersönlichkeit, vor allem, wenn Verkäufer sie mit Passivkonstruktionen verbinden: »Die Effizienz der E-Mail-Marketing-Software wurde erhöht, sodass man jetzt noch schneller die Rücklaufquoten ermitteln kann.« Wer »man« sagt, sagt auch »Auf Wiedersehen, Auftrag«, denn nur wenig Worte schaffen eine so große Distanz zwischen

Gesprächspartnern wie diese drei Buchstaben. Dabei wäre es so leicht, »man« durch »Sie« zu ersetzen und so die Neugier des Kunden zu wecken.

Gerade wenn Sie das erste Mal mit Ihrem Kunden telefonieren, dann achten Sie sehr genau darauf, den Namen Ihres Gesprächspartners richtig auszusprechen. Und berücksichtigen Sie dabei erworbene Titel wie »Dr.« oder Adelstitel wie »Herr von …« oder »Freifrau von …«. Solange Sie Ihren Kunden nicht besser kennengelernt haben und wissen, ob er Wert auf seinen Titel legt, gehen Sie mit dem vollen Namen auf Nummer sicher. Haben Sie den Namen nicht exakt verstanden, fragen Sie nach: »Damit ich Ihren Namen richtig schreibe, buchstabieren Sie ihn mir bitte?«

Also sprechen Sie Ihren Kunden in jedem Gespräch in »Sie«-Formulierungen direkt an und lassen Sie hin und wieder seinen Namen einfließen! Aber dosieren Sie richtig! Setzen Sie diese Technik insbesondere dann ein, wenn Sie den Nutzen Ihres Angebots für den Kunden wiederholt nennen. Gebrauchen Sie den Namen Ihres Kunden allerdings wahllos und inflationär bei jeder auch noch so unwichtigen Gelegenheit, tritt dieselbe Wirkung ein wie bei der Einnahme von Medikamenten nach dem Motto »Viel hilft viel«. Dann kommt es zu erheblichen Nebenwirkungen. Und das bedeutet im Verkaufsgespräch: Ihr Kunde empfindet Ihr »Namedropping« als überzogen, anbiedernd und damit unglaubwürdig.

 **Indem Sie den Namen Ihres Kunden immer wieder einmal nennen, zeigen Sie Ihrem Kunden, dass er Ihnen wichtig ist. Geben Sie Ihrem Kunden ein gutes Gefühl!**

72. | Wer nicht fragt, bleibt dumm

»Wieso? Weshalb? Warum? Wer nicht fragt, bleibt dumm!« Generationen von Kindern haben in der Sesamstraße gelernt: Wer nicht fragt, ist selbst schuld an seiner Unwissenheit. Für Verkäufer haben Fragen noch ganz andere Vorteile: Sie liefern nicht nur Informationen zum Bedarf des Kunden, sie motivieren den Kunden auch, aktivieren ihn, laden ihn zum Gespräch ein, stimulieren einen Dialog, beugen Missverständnissen vor, holen das Einverständnis des Kunden ein, führen ihn zum Abschluss, schaffen Nähe und Vertrauen, Sympathie und eine persönliche Verbindung zwischen Verkäufer und Kunde. Kurz: Fragen sind das perfekte Kommunikationswerkzeug für Verkäufer.

Hier ein Beispiel. Der Verkäufer sagt: »Mit der neuen Software beschleunigen Sie Ihre Produktionsabläufe.« Der Kunde denkt: »Was weiß der schon über unsere Produktionsabläufe?« Fragen sind in der Nutzenargumentation das sinnvollere Tool statt platte Behauptungen: »Welche positiven Effekte erhoffen Sie sich, wenn Sie die neue Software einsetzen?« Mit den richtigen Fragen lassen Sie Ihren Kunden selbst die Vorteile Ihres Angebots entdecken.

Stellen Sie einfache, klare, prägnant Fragen direkt, ganz selbstverständlich und ohne zu zögern. So entlocken Sie Ihrem Kunden die Informationen, die Sie für eine überzeugende Nutzenargumentation benötigen. Topverkäufer wissen: Fragetechniken im Schlaf zu beherrschen, ist unverzichtbar, um Kunden im Verkaufsgespräch zum Abschluss zu führen.

Die Antworten auf offene Fragen sind besonders ergiebig, was ihren Informationsgehalt betrifft. Formulieren Sie Ihre Frage positiv, zum Beispiel so: Statt »Warum haben Sie damals keinen Full-Service-Leasingvertrag abgeschlossen?« ist besser »Welche Vorteile sehen Sie, wenn Sie in Zukunft einen flotten Fuhrpark haben?«.

LAW 72

Vorsicht bei geschlossenen Fragen: Auf »Passt es Ihnen am Mittwoch um neun Uhr?« kann Ihr Kunde mit Ja oder Nein antworten. Und einem Nein folgt schnell ein weiteres, denn Nein zu sagen, fällt dem Gesprächspartner leichter – und bei Einkäufern und Entscheidern ist das Nein sowieso ein automatisierter, in die Gene eingeschriebener Reflex, richtig? Formulieren Sie geschlossene Fragen deshalb so, dass Ihr Gesprächspartner nur mit einem Ja antworten kann.

Auf platte Alternativfragen reagieren Kunden allergisch. Machen Sie es besser! Gehen Sie klüger vor! Beispiel Terminvereinbarung: Erst schlagen Sie einen Wochentag vor: »Wie sieht's bei Ihnen am Mittwoch aus?« Dann präzisieren Sie den Termin mit zwei Angeboten, wobei Sie die Uhrzeit zuletzt nennen, die Sie bevorzugen. Mit solchen durchdachten Alternativfragen geben Sie zwei für Sie selbst passende Antworten vor und hinterlassen bei Ihrem Gesprächspartner den Eindruck, selbst die Entscheidung getroffen zu haben.

Mit Motivierungsfragen wie »Was sagen Sie als Fachmann dazu?« streicheln Sie zum einen das Ego Ihres Kunden, zum anderen aktivieren Sie ihn, sich zu positionieren. Das wiederum gibt Ihnen die Chance, eventuelle Einwände oder Vorbehalte zu identifizieren und aus dem Weg zu räumen. Eine Variante der Motivierungsfragen sind Fragen, mit denen Sie den Kunden zum Mitdenken und Mitmachen auffordern: »Wo liegt das Kernthema? Aus meiner Sicht …«

Mit Übereinstimmungsfragen überprüfen Sie, ob Ihr Kunde Ihnen noch folgt: »Haben Sie sich das so vorgestellt?« oder »Ist das so in Ihrem Sinne?«

73. Feedback ist ein Geschenk

Auch Spitzenverkäufer brauchen Feedback: Sie holen sich regelmäßig Rückmeldung von Menschen, denen sie vertrauen. Von Menschen, die fair sind, es gut mit ihnen meinen und die in der Lage sind, ehrlich zu beurteilen, was die Spitzenverkäufer tun und wie sie es tun.

Fairness, Ehrlichkeit und Wertschätzung im Feedback bedeuten aber nicht, dass du dir von unkritischen Jasagern Honig ums Maul schmieren und dich von urteilslosen Abnickern einseifen lässt. Wer immer nur hört, welch großer Verkäufer, genialer Geist und unwiderstehlicher Charmebolzen er ist, läuft Gefahr, selbst daran zu glauben und die Bodenhaftung zu verlieren.

Ebenso wenig hat ein gutes Feedback damit zu tun, dass du dich von professionellen Nörglern piesacken oder von selbsternannten Kritikern demontieren lässt.

Ein gutes Feedback ist eine ausgewogene Rückmeldung von Kollegen, Freunden, Bekannten, dem Partner, deinen Kindern, Verwandten, eventuell auch von deinem Chef. Von Menschen, die dir gewogen sind. Und gerade weil sie dein Bestes wollen, werden sie dich auch kritisieren – konstruktiv, sachlich, immer deine persönliche und berufliche Weiterentwicklung im Blick. Und Neidern stehst du ohnehin cool gegenüber. Denn Neid sagt nichts anderes als: Das hast du richtig gut gemacht, den Neid hast du dir hart verdient.

Ein gutes Feedback ist also ein wertvolles Geschenk, das deine verkäuferischen Fähigkeiten, deine Persönlichkeit, deine Worte und deine Taten reflektiert und dir so die Chance gibt, als Mensch und Verkäufer zu wachsen. Auch das Feedback von Kunden kann dich voranbringen, wenn diese Kunden sich keinen Vorteil verschaffen wollen.

Beispiel für eine gute Feedbackrunde: Verabreden Sie sich mit Kollegen, um sich gegenseitig in »Telefonpartys« Feedback zu Terminvereinbarungstelefonaten zu geben. Das geht so: Wenn ein Kollege es schafft, seinen Gesprächspartner am Telefon zu halten, ohne dass dieser auflegt, weil er keine Ausreden mehr hat, gewinnt er eine Flasche richtig edlen Wein, ein Wellness-Wochenende oder Karten für das nächste Champions-League-Spiel von »Eintracht Frankfurt«. Oder was auch immer Sie als Hauptgewinn oder Incentive ausloben.

LAW
73

Notieren Sie während der »Telefonparty«, was Sie an den anderen gut und weniger gut finden. Ihre Beurteilungen sind fair, ausgewogen und vor allem konkret. Ein »Du warst nicht freundlich genug« hilft Ihren Kollegen und auch Ihnen selbst nicht weiter. Machen Sie Kritik an einzelnen Gesprächsdetails fest, damit Ihre Kollegen und Sie selbst diese Kritik sofort im nächsten Anruf umsetzen. Konkrete Angebote, wie Sie sich verbessern, helfen Ihnen und Ihren Kollegen weiter. Wenn Ihnen das Feedback eines Kollegen nicht griffig genug ist, fragen Sie nach: Was genau hat ihm warum gefallen, was genervt?

Holen Sie sich regelmäßig Rückmeldungen wohlwollender Personen in Ihrem beruflichen und privaten Umfeld! Seien Sie offen für richtig dosierte und vitaminreiche Motivationsspritzen, die Sie dabei unterstützen, der beste Verkäufer zu werden.

Die Führungs-
»Kraft« der
Führungskräfte

74. Führungskräfte sind Leitbilder

Freitag, 13.30 Uhr, Vertriebsabteilung eines mittelständischen Tor- und Türenherstellers. Der Vertriebschef geht an den Schreibtischen seiner Mitarbeiter vom Innendienst vorbei, von denen die meisten mit Kunden telefonieren. Auch ein paar seiner Vertreter sind von ihrer Tour zurückgekehrt und arbeiten ihre Termine nach. Sagt der Chef: »Ich gönne mir jetzt ein verlängertes Wochenende. Jetzt geht's gleich ins Wellnesshotel am Wolfgangsee, ich freu mich schon aufs Golfen. Seid noch schön fleißig und erledigt zügig die Aufträge und anstehenden Angebotsanfragen. Am Montag will ich hier aufgeräumte Tische sehen!«

Das wichtigste Gesetz für Führungskräfte im Vertrieb und Verkauf: Erwarte von deinen Mitarbeitern nichts, was du nicht selbst bereit bist zu tun. Wenn du von deinen Mitarbeitern großspurig erwartest, dass sie den Freitag als normalen Arbeitstag betrachten und entsprechend lang dableiben, dann kannst du nicht um 13.30 Uhr selbst die Biege machen. Und komm nicht auf die Idee, einen Termin vorzuschieben, um früher zu gehen. Leb deinen Leuten vor, was du von ihnen verlangst. Das wird Glaubwürdigkeit genannt. Neben Glaubwürdigkeit benötigt der Teamleiter und Manager einer Vertriebsmannschaft einige besondere Persönlichkeitsmerkmale, damit seine Mitarbeiter ihn als ihren Chef respektieren und als Leitbild betrachten. Denn nur so entwickeln sich seine Verkäufer beruflich und persönlich weiter:

- Die RAUSS®-Faktoren sind bei ihm stark ausgeprägt: Risikobereitschaft, Antriebsstärke, Ueberzeugungskraft, Selbstdisziplin und Selbstbewusstsein.
- Er hat den Mut aufzufallen. Dass er polarisiert, gehört für ihn dazu. Dafür ist er eine Marke.
- Er jammert nicht: nicht über den schlechten Markt, die schwierige

LAW 74

Wirtschaftslage, die Unternehmens-
führung und schon gar nicht über sein
Team. Stattdessen verbreitet er Optimismus und besitzt das Stehvermögen,
um auch selbst einmal – wenn es darauf ankommt – einen hochkarätigen
Abschluss zu erzielen.

- Schwierige Situationen wecken seinen Ehrgeiz. Er liebt Herausforderungen, denn »Problem«
ist ein Fremdwort für ihn. Er trifft durchdachte und beherzte Entscheidungen, wichtige Angelegenheiten schiebt er nicht auf die
lange Bank, sondern regelt sie immer zügig.
- Auch wenn manches nicht so läuft wie gewünscht: Er bleibt mit
Selbstbeherrschung ruhig und sachlich. Seine Mitarbeiter kritisiert
er niemals öffentlich, sondern immer nur unter vier Augen, und
dann stets eindeutig in der Aussage, aber immer fair in der Sache.
- Selbstverständlich legt er Wert auf ein tadelloses Äußeres: Ein
perfekt sitzender Anzug, gepflegte Schuhe und wertige Accessoires
tragen zu seinem wirkungsvollen Auftreten bei.

Der Vertriebschef besitzt eine natürliche Autorität. Er ist nicht Everybodys Darling, denn er weiß: Wer es allen recht machen und beliebt
sein will, ist Everybodys Depp, ist damit weder respektiert und glaubwürdig noch ein Leitbild und guter Chef.

Viele Vertriebschefs bleiben allerdings im Mittelmaß stecken: Sie
übernehmen keine Verantwortung für ihre Aufgaben und für ihre
Mitarbeiter, sie sind nicht bereit, dazuzulernen, umzudenken und
neue Wege zu gehen. Sie verwalten ihre Position als Teamleiter und
stagnieren so als Verkäufer und Chefs.

Hand aufs Herz: Sind Sie als Chef selbst ein Leitbild für Ihre Mitarbeiter? Ist Ihr Vertriebschef Everybodys Darling oder Everybodys Depp?

75. Führen heißt, andere erfolgreich zu machen

Der Fisch stinkt immer vom Kopf: Wenn du Chef im Vertrieb bist, bringen deine Verkäufer nur dann Spitzenleistungen, wenn du als Führungskraft deine Hausaufgaben gemacht hast und mit gutem Beispiel vorangehst.

Das heißt zum einen, dass du dir als Chef erst einmal deiner persönlichen Voraussetzungen bewusst wirst, die du für eine erfolgreiche Führung mitbringst. Genauso wichtig ist es, die Ziele zu definieren, die du deinen Leuten vorgeben willst. Du kannst deinen Verkäufern nur dann Orientierung geben, wenn du selbst ein klares Bild davon hast, wo eure Reise hingeht. Als Führungskraft führst du dich also zunächst einmal selbst, bevor du andere führst.

Wie ein Fußballtrainer, der seine Mannschaft zusammenstellt und seiner Spielidee entsprechend weiterentwickeln will, verkaufst du auch als Vertriebschef deinem Team dein Erfolgskonzept, damit sie dir folgen. Hält der Innendienst hinten alles dicht und machen deine Verkäufer vorn die entscheidenden Tore, dann haben alle gewonnen: deine Mitarbeiter, dein Unternehmen, die Kunden und damit auch du selbst.

Ein guter Chef steht immer gerade für die Fehler, die in seinem Zuständigkeitsbereich passieren, oder für schlechte Zahlen, die sein Team produziert. Egal, ob seine Mitarbeiter oder er selbst etwas verbockt haben: Nach außen, gegenüber Dritten wie der Unternehmensleitung, den Kunden, den Lieferanten und so weiter übernimmt er stets die volle Verantwortung. Vielen Führungskräften mangelt es aber an dieser Führungs-»Kraft«. Statt ihren Verkäufern eine Einstellung zu ihrem Beruf zu vermitteln, die diese zufriedener und erfolgreicher macht, verlangen sie Reports, Berichte und Excel-Tabellen und

stehlen ihren Mitarbeitern so die Zeit für das, wofür Verkäufer leben: hartnäckige Akquise, exzellente Kundenbetreuung, regelmäßige Abschlüsse. Solche Erbsenzähler und Korinthenkacker machen ihre Verkäufer zu Buchhaltern.

Anderen Führungskräften wiederum fehlt es an Durchsetzungskraft gegenüber ihren Mitarbeitern. Sie scheuen klare Ansagen und gehen Konflikten aus dem Weg, um ihre Komfortzone nicht zu verlassen – den Stuhlkreis, in dem alle Teammitglieder Händchen halten und sagen, wie lieb sie sich gegenseitig haben. Dabei wünschen sich Mitarbeiter Offenheit, Ehrlichkeit und konstruktive Kritik. Denn das bringt sie weiter. Sie wollen ja besser werden, Erfolge haben, zu Topverkäufern werden. Nur dann entsteht die Begeisterung, die notwendig ist, um erfolgreich zu verkaufen. Und diese Begeisterung überträgt sich auf die Kunden.

Als Vertriebschef musst du nicht unbedingt selbst der beste Verkäufer sein, um dein Team zum Erfolg zu führen. Du musst Verantwortung übernehmen, deine Mitarbeiter mitreißen, Leitbild sein und die Einstellung selbst leben, die du von deinen Leuten verlangst: Spaß, Optimismus, klare Ziele, Erfolgsorientierung, Wille zur persönlichen Weiterentwicklung, Bereitschaft, fachlich dazuzulernen mit Training, Training, Training, Üben, Üben, Üben.

Sie steuern als Führungskraft Ihre Mitarbeiter. Zum einen bringen Sie ihnen bei, was verkaufen bedeutet: konsequent den Abschluss zu suchen mit dem Ziel, langfristig Kunden zu binden. Zum anderen entwickeln Sie Ihre Mitarbeiter zu motivierten und begeisterten Verkäufern weiter.

76. Das Dreamteam jedes Vertriebschefs besteht aus Jägern und Sammlern

Um selbst erfolgreich zu sein, brauchen Vertriebschefs in ihrem Team nicht etwa stromlinienförmig getunte, austauschbare Standardverkäufer, die wie geklont nach Schema F ihrem Job nachgehen. Als Führungskraft im Vertrieb benötigst du vielmehr echte Typen, eigene Persönlichkeiten mit unterschiedlich ausgeprägten Charakterzügen. Insbesondere zwei Prototypen, die sich in ihrer Prägung zwar sehr unterscheiden, aber genau deshalb sich in einem Team wunderbar ergänzen, sind die Jäger und die Sammler.

Der Sammler ist eher ruhig und zurückhaltend, fast schon introvertiert. Fleiß, strukturiertes Vorgehen, Genauigkeit, Geduld, Beständigkeit sind nur einige der Merkmale, die seine Arbeit allgemein und den Umgang mit seinen Kunden im Besonderen auszeichnen. Er ist ein Teamplayer, weil das seinem Gemeinsinn entspricht. Er hat keine spektakulären Hobbys, um seine Freizeit zu füllen, sondern sucht dort Ruhe und Muße als Ausgleich vom fordernden Vertriebsjob: Fotografieren, Angeln, Gartenarbeit, die Modelleisenbahn im Keller, Wandern. Als ausgeprägter Familienmensch mag er Ausflüge mit den Liebsten und Spieleabende. Als Mitarbeiter ist er wegen seiner Zuverlässigkeit eine echte Bank, sein Chef kann auf ihn bauen, zumal er Kundenbeziehungen gern und gewissenhaft pflegt. Kurz: Der Sammler ist der perfekte Key-Accounter.

Der Jäger hingegen nutzt jede Gelegenheit – ob im Job oder privat –, um ein Geschäft anzubahnen oder einen Abschluss herbeizuführen. Als extrovertierter Vertriebler nutzt er seine blitzschnellen Verkäuferreflexe und ergreift intuitiv seine Chance, um einen Deal unter Dach und Fach zu bringen. Er hat immer seine Visitenkarten griffbereit,

denn unterwegs könnte er ja einen potenziellen Kunden treffen oder jemanden, der
einen potenziellen Kunden kennt, oder
einfach interessante Menschen. Jäger
langweilen sich allerdings schnell in täg-
licher Routine und suchen im Job immer
wieder Abwechslung. Auch privat brauchen
diese Adrenalin-Junkies regelmäßig neue Kicks
beim Fallschirmspringen, Freeclimbing, Kitesurfen,
Paragliding und anderen Extrem- und Fun-Sportarten. Ein Jäger hat
wegen seiner offenen, fast neugierigen Kontaktfreudigkeit keinerlei
Scheu, schnell mit jemandem ins Gespräch zu kommen. Deshalb ist
er auch ein Netzwerker, der Gott und die Welt kennt. Kurz: Der Jäger
ist der geborene Akquisiteur.

LAW

76

Als Vertriebschef brauchst du beide Typen, denn zusammen bilden
sie ein unschlagbares Team: Der Jäger bringt den Key Account nach
Hause, der Sammler pflegt und nährt ihn. Nur die allerbesten Spitzenverkäufer, die Crème de la Crème, beherrschen beides so gut, dass sie
ihre eigene Verkaufsmannschaft sind.

Übertragen Sie deshalb Ihren Vertriebsmitarbeitern die Verantwortung für Aufgaben, Gebiete und Kunden, die am ehesten ihrem
Naturell entsprechen. Damit tun Sie nicht nur Ihren Mitarbeitern einen Gefallen, sondern auch Ihren Kunden. Und damit dem Gesamtergebnis Ihres Teams und letztlich auch sich selbst. Lassen Sie trotzdem Ihre Verkäufer oder Verkaufsteams regelmäßig gegeneinander
antreten, damit Sie anhand bestimmter Kennzahlen erkennen, wie
sich Ihre Mitarbeiter entwickeln: Kundenzahlen, Umsätze im Cross-
und Upselling, Absatzmengen, Neukundenakquisitionen, Kundenab-
gänge, Zahl der Kundenbesuche insgesamt und bezogen auf einzelne
Kunden, Angebotsnachverfolgung, Reklamationsquoten, Dauer und
Qualität der Reklamationsbearbeitung und andere Kriterien. Und geben Sie Ihren Verkäufern regemäßig Feedback zu diesen Zahlen.

77. Glaubwürdigkeit zeigt, wer mit gutem Beispiel vorangeht

Als Vertriebschef bist du Leitbild für deine Mitarbeiter und erarbeitest dir hart deine Glaubwürdigkeit. Dann reicht es eben nicht, deine Mannschaft zur Kaltakquise anzutreiben, ohne selbst von Zeit zu Zeit einen Kunden an Land zu ziehen. Dann ist es eben nicht genug, deinen Verkäufern ihre Performance-Kennzahlen unter die Nase zu reiben, ohne zu fragen, warum diese Zahlen ihrer Meinung nach stagnieren. Dann kannst du sie nicht damit abspeisen, dass sie ihre Verkaufsgespräche besser aufziehen müssen, ohne nicht immer mal wieder dabei zu sein.

Als guter Vertriebschef sind Sie sich nicht zu schade für die Telefonakquise. Veranstalten Sie deshalb regelmäßige »Telefonpartys«, bei denen jeder Beteiligte drei potenzielle Neukunden hintereinander anruft. Alle hören mit und geben dem Kollegen anschließend Feedback, diskutieren sein Vorgehen, bewerten Pro und Kontra der Stärken und Schwächen. Und natürlich sind Sie als Führungskraft mittendrin und gehen als erster Anrufer mutig mit gutem Beispiel voran. Sie sind dabei vielleicht nicht unbedingt der Beste, und die konstruktive Kritik Ihrer Mitarbeiter bleibt Ihnen auch nicht erspart. Aber gerade das macht Sie sympathisch und trägt zum Respekt bei, den Ihre Mitarbeiter Ihnen entgegenbringen, weil Sie als Leitbild mitwirken und nicht nur danebenstehen und den Chef raushängen lassen. So geht Glaubwürdigkeit!

Bevor Sie bei Ihrem Mitarbeiter ins Auto steigen, wenn Sie ihn bei einem Kundenbesuch begleiten, bestehen Sie auf einem Punkt – Ihrem Mitarbeiter und auch sich selbst gegenüber: Sie tun das nicht, um dem Verkäufer die Show zu stehlen, sondern um ihm qualifiziert Feedback zu geben, um ihn zu schulen. Beachten Sie zudem ein paar Spielregeln für das Doppel beim Kundenbesuch:

- Stellen Sie nicht vor dem Kunden die Kompetenz Ihres Verkäufers infrage. Das ist nicht nur demütigend für Ihren Mitarbeiter. Der Kunden fragt sich zudem: Warum spreche ich überhaupt noch mit dem Verkäufer, wenn er doch so unfähig ist? Dann kann ich doch gleich mit seinem Chef verhandeln.
- Konzentrieren sich darauf, herauszufinden, welche Fragen und Einwände der Kunde noch hat und welche Verkaufstechniken sich zusätzlich anbieten, um ihn zum Abschluss zu führen.
- Wenn es die Verkaufssituation zulässt, stimmen Sie mit Ihrem Verkäufer vorher ab, in welcher Rolle Sie als Chef auftreten: als »Good Guy« oder »Bad Guy«? Aber achten Sie immer darauf, dass Sie beide das Schauspiel nicht übertreiben.

Schreiten Sie wirklich nur in folgenden Situationen ein:

- Ihr Verkäufer bittet Sie um Ihre Mitwirkung oder Unterstützung.
- Ihr Verkäufer liefert dem Kunden objektiv falsche Informationen.
- Der Abschluss ist in Gefahr.
- Ihr Verkäufer droht den Kunden zu verlieren.
- Sie spüren, dass noch weit mehr an Umsatz drin ist, als Ihr Verkäufer anstrebt.

Wenn Sie die Führung des Verkaufsgesprächs übernehmen, dann gehen Sie behutsam dabei vor, sonst führen Sie Ihren Mitarbeiter in Anwesenheit des Kunden vor.

Seien Sie für Ihr Team da, wenn es Sie um Hilfe beim Verkaufen bittet. Ihr Motto ist, es nicht besser zu machen als Ihre Verkäufer, sondern diese glaubwürdig zu unterstützen.

78. Die 4 R der Führung

Sprenger, Malik, Grundl, Goleman, Blanchard, Drucker. Radikal führen, emotional führen, autoritär führen, demokratisch führen, situativ führen, nach Laisser-faire führen, transformational führen ... Nur wenige Themen zum zwischenmenschlichen Miteinander produzieren so viele Experten, Theorien, Konzepte und Ratgeber wie das unerschöpfliche Thema »Führung von Menschen und Mitarbeitern«.

Mit diesen vier Begriffen – den 4 R – bringst du Führung im Vertrieb auf einen Nenner: Respekt – Regeln – Richtungen – Rituale.

Als Führungskraft haben Sie Respekt vor jeder Person: ob Kollege, Mitarbeiter, Vorgesetzter, ob Kunde, Lieferant, Dienstleister, ob Reinigungskraft, Empfangsdame, Hausmeister. Sie veranlassen Ihre Mitarbeiter, dass auch sie denselben Respekt vor jeder Person zeigen. Der Mensch steht im Mittelpunkt. Unterscheiden Sie sich von Unternehmen und Führungskräften, die ihre Mitarbeiter vor allem als Kostenfaktor und die Kommunikation mit Kunden und Lieferanten allein als Zeitverschwendung betrachten. Gestehen Sie Ihren Leuten Fehler zu, aber haben Sie ein Auge darauf, dass sie diese Fehler nicht wiederholen und dass sie sie dafür nutzen, daraus zu lernen und sich weiterzuentwickeln.

Als Führungskraft definieren Sie klare Regeln: Bestehen Sie darauf, dass Ihre Mitarbeiter Informationen, Zahlen und Unterlagen fristgerecht liefern. Lassen Sie keine Ausflüchte und Entschuldigungen zu! Stellen Sie sich vor Ihr Team, wenn etwas schiefgelaufen ist, und achten Sie darauf, dass jeder die ihm übertragene Verantwortung wahrnimmt. Wenn einer Ihrer Mitarbeiter einen Fehler macht, wird er nicht bloßgestellt – weder von Ihnen noch von anderen. Voraussetzung: Er klärt die Situation zügig, mit allen ihm zur Verfügung stehenden Mitteln. Sie sind klar in der Sache und verbindlich im Ton. »Harter Hund, aber immer fair und gerecht« – wenn Ihre Mitarbeiter so über Sie denken und sprechen, haben Sie alles richtig gemacht.

Als Führungskraft geben Sie die Richtung vor: Als Leader haben Sie keine Angst, Ihre Prioritäten im Vertrieb und in der Führung durchzusetzen. So wie Ihre Verkäufer den Abschluss im Auge haben, behalten Sie Ihre Ziele im Blick. Hartnäckig arbeiten Sie an der Weiterentwicklung Ihrer Mitarbeiter, an ihrer Einstellung zum Verkaufen und ihrer Verkäuferpersönlichkeit, auch im Hinblick auf die Zahlen. Denken Sie über Motivation, Feedback und Persönlichkeitsentwicklung nach, statt Ihre schwächsten Mitarbeiter permanent zu schubsen und so Ihre Verkaufsgranaten zu vernachlässigen. Geben Sie Feedback unmittelbar im Anschluss an eine kritische Situation und nicht erst eine Woche später, denn dann hat Ihr Mitarbeiter die Situation schon ad acta gelegt und der Lerneffekt ist futsch. Sprechen Sie abflauende Leistungen ebenso zeitnah an und lassen Sie nicht zu, dass das Engagement Ihrer Mitarbeiter abnimmt.

Als Führungskraft pflegen Sie Rituale – vor allem, wenn es Erfolge zu feiern gibt. Zum Beispiel mit der Umsatzglocke: Wann immer in Ihrer Abteilung oder in Ihrem Team einer der Verkäufer einen erfolgreichen Abschluss gemacht hat, läuten Sie für alle hörbar die Umsatzglocke. Wer seinen Job gut macht, darf und soll sich dafür feiern lassen.

Wenn Sie sich konsequent an den 4 R orientieren, dann schaffen Sie ein starkes Fundament für Ihren Führungsalltag. Mitarbeiterführung bedeutet, dass Sie Ihren Mitarbeitern Orientierung geben, was die Vertriebsziele betrifft, und sie auf dem Weg dorthin unterstützen und ermutigen. Und dafür brauchen Ihre Verkäufer Ihren Respekt, Ihre Regeln, die Richtung, in die Sie gehen wollen, und Ihre Rituale.

79. Klare Ansagen statt Kuschelkurs

Vertriebschef: »*Du, ich hab mir mal deine Umsatzzahlen im letzten Quartal angeschaut ... Du hast weniger Aufträge geschrieben als im davorliegenden Quartal ... und das war schon schlechter als das davor ...*«

Verkäufer: »*Ja, ich weiß ... Ich komm irgendwie nicht klar mit meinen wichtigsten Kunden, dauernd muss ich denen hinterhertelefonieren ... Und ganz ehrlich: Das neue Produkt ist ja auch nicht gerade der Brüller ...*«

Vertriebschef: »*Ich versteh dich ja, das sind wirklich keine leichten Kunden ... Und ich hab mir auch mehr von dem Produkt versprochen ...*«

Verkäufer: »*Ich hab zurzeit keinen guten Lauf ...*«

Vertriebschef: »*Ja, solche Phasen gibt's. Kenn ich gut, das Gefühl. Das wird schon wieder. Aber du weißt ja, ich muss schon ein bisschen auf die Zahlen schauen ... Könnten wir Folgendes verabreden? In einem Monat setzen wir uns wieder zusammen und schauen uns die Zahlen gemeinsam an. Und dann sehen wir, wie es weitergeht, okay?*«

Hier haben sich zwei gefunden: Kuschel-Chef trifft auf Luschen-Verkäufer. Jetzt fehlt nur noch, dass der Vertriebschef seinem Verkäufer eine Woche Urlaub gibt, damit dieser mal so richtig ausspannen kann von dem unmenschlichen Stress mit den schwierigen Kunden und er sich mit dem neuen Produkt anfreunden und seinen Lauf wiederfinden kann. Aber vielleicht wollen die beiden ja auch eine Selbsthilfegruppe für anonyme Mittelmaß-Vertriebler gründen ...

Führungskräfte sind keine Psychologen, keine Lehrer, keine Betreuer, keine Coaches. Ihr Job ist es nicht, mit ihren Mitarbeitern Händchen zu halten, wenn mal wieder die Lustlosigkeit im Team um sich greift. Ihr Job ist es nicht, die mittelmäßigen Leistungen ihrer mittelmäßigen Verkäufer zu beklatschen, um sie so zu »motivieren«.

Vertrauen, Zusammenarbeit, Kollegialität sind sehr wichtig für eine gute Mitarbeiterführung. Aber ohne konstruktive Kritik und angekündigte Sanktionen entgleitet dir die Kontrolle über deine Mannschaft. Als Führungskraft konzentrierst du dich auf Zahlen und Ergebnisse, denn daran wird letztlich auch deine Performance, dein Standing im Unternehmen gemessen. Das bedeutet aber natürlich nicht, dass du den menschlichen Faktor über Bord wirfst.

LAW

79

Und behandeln Sie nicht alle Mitarbeiter aus einem falsch verstandenen Gerechtigkeitsanspruch gleich. Manche arbeiten sehr eigenverantwortlich und besitzen eine ausgeprägte Eigenmotivation, andere dagegen brauchen eine stärkere Führung. In so einem Fall halten Sie die Leine kürzer, vor allem, indem Sie die Entwicklung Ihres Mitarbeiters genau beobachten und vereinbarte Ziele konsequent einfordern. Wenn er trotz mehrerer Feedbackgespräche, Weiterbildungsmaßnahmen und all Ihrer Unterstützung nicht das liefert, was Sie mit ihm vereinbart haben, bleibt Ihnen nichts anderes, als ernsthaft darüber nachzudenken, sich von Ihrem Mitarbeiter zu trennen. Das ist auch eine Frage Ihrer Glaubwürdigkeit: Wenn Sie einen solchen »Low Performer« trotzdem weiter mitschleifen, geht das nur auf Kosten der anderen Teammitglieder, weil er das Gesamtergebnis Ihres Teams runterzieht.

Klare Ansagen und Zielvorgaben vermitteln Ihren Mitarbeitern, wie sie erfolgreich sind: mit Fleiß und Siegeswillen, mit Spaß und Begeisterung. Leben Sie diese Haltung vor und machen Sie Ihren Mitarbeitern klar: Ich fördere dich, wenn du bereit bist, meine Forderungen zu erfüllen.

Gesprächs-techniken souverän hand-haben

80. Wer die Kaufmotive seines Kunden erkennt, macht ihn glücklich

Vor einigen Jahren hat eine Untersuchung ergeben, dass sich fast die Hälfte der befragten Kunden darüber ärgert, dass Verkäufer ihre Wünsche nicht verstehen, weil sie nicht richtig zuhören oder nicht die richtigen Fragen stellen.

Stellen Sie sich folgende Situation vor: Ein Mann mittleren Alters betritt die Filiale einer bekannten Elektromarktkette. Er sucht ein Handy für seine Mutter, eine ältere, schon etwas betagte, allein lebende Dame. Einer der Verkäufer drückt diesem Mann sofort das neueste iPhone in die Hand und überrollt ihn mit den Produktfeatures: 3D Touch, iSight, 4K Video, Live Foto, 64 Bit A9 Chip, Touch ID, Advanced LTE und andere Tekkie-Sprache. Fachidiot schlägt eben Kunden tot.

Ein guter Verkäufer weiß, worauf es diesem Kunden ankommt bzw. was dessen Mutter braucht: Das Handy muss kinderleicht zu bedienen sein, große Tasten und ein großes Display haben. Und dazu passt ein einfacher Vertrag oder eine Prepaidkarte. Er nimmt sich die Zeit, aktiv hinzuhören und dort gezielt nachzufragen, wo ihm noch wichtige Detailinformationen fehlen, um genau das richtige Handy zu empfehlen. Er hat dabei drei der wichtigsten Kaufmotive identifiziert, die seinen Kunden umtreiben: Bequemlichkeit (die Mutter soll das Handy intuitiv bedienen können), Sicherheit (der Kunde sorgt sich um die Gesundheit seiner Mutter und will mit dem Handy dafür sorgen, dass er bei Problemen schneller als bisher reagiert) und Wirtschaftlichkeit (das Handy wird nur wenig genutzt, deshalb ist kein teurer Flatrate-Vertrag mit Dutzenden Zusatzoptionen notwendig).

Behalten Sie neben diesen individuellen Kaufmotiven immer auch vier weitere Klassiker im Hinterkopf: Prestige, soziale Gründe, Interesse an Neuem, Umwelt/ Gesundheit. Die meisten Kunden treibt bei Kaufinteresse nicht nur ein Motiv um, sondern es sind mehrere – in der Regel sind es dann aber ein oder zwei Motive, die tatsächlich den Ausschlag für oder gegen den Kauf geben.

Ihr Job ist es, die Situation Ihres Kunden genau zu analysieren: Was bewegt ihn? Was ist ihm wichtig? Wo drückt der Schuh? Oftmals sind dem Kunden seine Beweggründe selbst nicht klar. Umso dankbarer ist er, wenn Sie diese Kaufmotive herausarbeiten – und ihm dann eine Lösung präsentieren: »Einmal angenommen, Herr Kunde, Ihre Mutter kann sehr schnell mit diesem Handy umgehen und ruft regelmäßig bei Ihnen an, gerade wenn sie unterwegs ist, um Ihnen Bescheid zu geben, dass alles okay ist, gibt das Ihrer Mutter und Ihnen nicht zusätzliche Sicherheit?«

Mit solchen hypothetischen Fragen spielen Sie Zukunftsszenarios durch, die Ihrem Kunden die Vorteile Ihres Angebots plastisch vor Augen führen. Formulierungen, mit denen Sie Ihren Kunden – je nach Kaufmotiv – eine Brücke zu Ihrem Produkt schlagen, sind etwa:

- »… führt bei Ihnen zu …«
- »… senkt Ihre …«
- »… leistet für Sie …«
- »… sichert Ihnen …«
- »… erspart Ihnen …«

Um den Nerv des Kunden zu treffen, bedienen Sie seine Kaufmotive. Also nehmen Sie sich die Zeit für aktives Hinhören, geeignete Fragetechniken und Paraphrasieren.

81. Telefonakquise ist die Königsklasse

Landing Pages, Google Analytics, Social-Media-Marketing, SEO, Content Marketing und anderen Online-Tools zum Trotz: Das gute alte Telefon ist für dich als Verkäufer nach wie vor dein Freund und Helfer. Zumindest, wenn du rasch neue Kunden gewinnen willst. Kaltbesuche und Direktmailings sind in dieser Situation zu zeitraubend, zu teuer, zu ineffektiv. Schneller, günstiger, erfolgsträchtiger: der Griff zum Hörer!

Jeder kann gute Telefonakquise lernen. Also tu es – und das mit großem Einsatz und einer Riesenportion Durchhaltevermögen und Hartnäckigkeit. Denn ein erstklassiger Telefonakquisiteur wirst du wie bei allen Gesprächs- und Verkaufstechniken nur durch tägliches Üben, durch konsequentes Training. Du willst ein Topverkäufer sein? Dann musst du durch die harte Schule der Telefonakquise!

Am Telefon trennt sich die Spreu vom Weizen: Wer am Verhandlungstisch stark ist, ist nicht zwangsweise ein Profi am Telefon. Umgekehrt gilt: Wer am Telefon seinen Kunden überzeugt, der schafft das souverän auch am Tisch.

Gute Telefonakquisiteure sind die Elite. Sie sind die stärksten Verkäufer, weil sie ihre Kunden allein an ihrer Wortwahl, ihrem Tonfall und an ihrer Stimme genau einzuschätzen wissen. Nur die Besten erkennen auch am Telefon nur anhand der Stimmfarbe und -modulation, wie ihre Kunden schauen und wie sie sich bewegen. Sie sehen ihre Kunden auch über Hunderte und Tausende Kilometer hinweg am Hörer. Auch wenn die Telefonübertragung nicht optimal ist und sie deshalb nicht alle Informationen über die Stimme ihrer Kunden erfassen.

Diese Form der Menschenkenntnis eignest du dir nur an, wenn du telefonierst. Hunderte Male, Tausende Male, immer wieder. Da helfen keine Fachbücher, keine Rhetorikseminare, keine YouTube-Videos, keine Podcasts. Bis zur Telefonexzellenz ist es ein hartes Stück Arbeit.

Um am Telefon akquisestark zu sein, ist außerdem echtes Selbstvertrauen notwendig. Auch deine Kunden haben schon einige Erfahrung mit Verkäufern am Telefon gemacht und ein Gefühl dafür entwickelt, ob du mit zusammengekniffenen Beinen dasitzt und dir gleich das Herz in die Hose rutscht. Oder ob du am Telefon lächelst, weil du dich auf das Gespräch freust, und mit fester Stimme sprichst, aus der Überzeugung heraus, ein unwiderstehliches Angebot für deinen Kunden zu haben. Ein ausgeprägtes Selbstwertgefühl hilft dir auch, dir eine dicke Haut wachsen zu lassen. Schließlich liegt die Erfolgsquote am Telefon meist weit unter 100 Prozent. Ablehnung gehört zum Kaltanruf dazu. Ein Nein ins Telefon zu bellen, fällt deinem Kunden wesentlich leichter, als Interesse an deinem Angebot zuzugeben.

Deshalb gilt: Desinteresse niemals persönlich nehmen! Denn Ihr Gesprächspartner kennt Sie und Ihr Angebot ja gar nicht. Lässt er sich partout nicht von Ihren guten Argumenten von einem persönlichen Termin überzeugen, dann bedanken Sie sich freundlich, legen Sie auf und wählen die nächste Nummer! Jedes klare Nein bewahrt Sie davor, sich in einem aussichtslosen Kampf aufzureiben, und führt schneller zu einem tatsächlich interessierten Kunden.

Intensive Telefonpraxis, starkes Selbstbewusstsein und ein cooler Umgang mit dem Nein des Kunden: So werden Sie ein echter Telefonprofi.

82. Einwände sind Wegweiser zum Abschluss

Die meisten Einwände sind über alle Branchen und Zielgruppen hinweg in ihren Kernaussagen identisch. Trotzdem kapitulieren mittelmäßige Verkäufer immer wieder, sobald ihre Kunden nur das A von »Aber ...« anstimmen. Die »Klassiker« unter den Einwänden sind vorhersehbar, und der Verkäufer kann sie deshalb leicht in seine Gesprächsstrategie integrieren.

Ein Einwand ist kein Hinweis darauf, dass dein Kunde sich aus dem Verkaufsgespräch verabschieden will. Sein Einwand zeigt vielmehr, dass er sich mit deinem Angebot und dir als Verkäufer intensiv beschäftigt. Setzt sich dein Kunde mit deinem Angebot auseinander, bekundet er sein Kaufinteresse, denn er hat schon einige Vorteile für sich selbst erkannt. Vor allem, wenn du in deiner Angebotspräsentation mit genau darauf abgestellten Nutzenargumenten an seinen Bedarf und seine Kaufmotive andockst. Dann ist sein Kaufinteresse die halbe Abschlussmiete. Dann sind seine Einwände die Aufforderung an dich, ihm zusätzliche Informationen zu liefern, damit er die Sicherheit spürt, die er braucht, um zu deinem Angebot ohne Einschränkung Ja zu sagen.

Typische »Giftzwerge« treten gern in »Ja-aber«-Formulierungen wie dieser auf: »Ja, Ihr Angebot sagt uns zu, aber wir haben uns für einen anderen Geschäftspartner entschieden.« Wir sind darauf getrimmt, uns auf die negative Seite solcher Aussagen zu konzentrieren. In diesem Fall heißt der »Giftzwerg« also »Entscheidung für einen anderen Geschäftspartner«. Wie der berühmte Pawlow'sche Hund reagieren wir reflexartig auf das, was Schwäche, Niederlage und Verlust bedeutet. Mittelmaßverkäufer denken sich als Erstes »Mist, Auftrag weg!« und sagen zum Kunden »Schade, dass Sie sich anders entschieden haben«.

Der Fokus von Topverkäufern hingegen liegt auf dem ersten Teil des Satzes »Ihr Angebot sagt uns zu«. Sie antworten darauf: »Herr Kunde, ich freue mich, dass Ihnen unser Angebot zusagt. Was gefällt Ihnen daran besonders gut?« Mit dieser Frage motiviert er seinen Kunden, den Nutzen und das Preis-Leistungs-Verhältnis selbst noch einmal zu wiederholen und seine Entscheidung zu überdenken. Handelt es sich um einen wahren Einwand, wird der Kunde noch einmal darauf zurückkommen – und gibt dem Topverkäufer die Chance, den Einwand zu entkräften. Der Unterschied ist klar: Mittelmäßige Verkäufer nehmen das Nein des Kunden wahr und geben deshalb auf. Topverkäufer sehen vor allem die Chance, die das Ja bietet, und machen weiter.

Lassen Sie sich nicht von den Einwänden Ihres Kunden aus der Bahn werfen, aber nehmen Sie sie ernst. Seine Einwände bereiten Ihnen die Bühne, um zusätzliche Verkaufsargumente zu platzieren, die seinen individuellen Anforderungen und Wünschen entsprechen. Geben Sie Ihrem Kunden die entscheidenden Kaufimpulse, die er sich in diesem Moment wünscht, und die Sicherheit, die er für den Abschluss braucht. Eine gelungene Einwandbehandlung bedeutet eine Menge Arbeit für Verkäufer, denn sie beginnt nicht erst im Verkaufsgespräch, sondern schon lange vorher: Tage, Wochen, Monate, unter Umständen Jahre. Topverkäufer lernen die Einwandbehandlung wie eine Fremdsprache.

Wie in jeder Sprache gibt es auch hierbei Vokabeln, Redewendungen, Regeln für Grammatik, Orthographie und Aussprache. Diese in- und auswendig zu lernen, daran führt für dich als Verkäufer kein Weg vorbei. Nur so unterscheidest du dich von mittelmäßigen Verkäufern, die ihren Kunden durchgenudelte, abgestandene, hohle Verkaufsphrasen um die Ohren hauen. Dein Ziel dagegen ist es, deinen eigenen Wortschatz so weit zu vergrößern, die Grammatikregeln so sehr zu verinnerlichen, dass du in jeder Gesprächssituation bei jedem Kunden jedem Einwand souverän begegnest.

83. Ein Vorwand ist eine Vor-Wand für einen Einwand

In die Einwandbehandlung kannst du erst einsteigen, wenn du vorher Bedingungen und die Vorwände deines Kunden identifiziert und enttarnt hast.

Eine Bedingung ist eine unumstößliche Voraussetzung, eine objektive, nicht zu widerlegende, die ein Angebot erfüllen muss, damit es überhaupt, abgesehen von subjektiven Einwänden, für einen Kunden infrage kommt. Beispiel: Als Immobilienmakler kannst du einem Hundebesitzer keine Wohnung verkaufen, wenn die dafür gültige Hausordnung Haustiere untersagt. Da kannst du die Vorzüge der Wohnung noch so anpreisen und der Kunde selbst sie schon in Gedanken einrichten: No way!

Ein Vorwand ist eine emotionale Reaktion deines Kunden auf dein Angebot. Weil er Angst hat, sich zu blamieren, aus falsch verstandener Höflichkeit oder weil er nicht genug Vertrauen in dich als Verkäufer oder dein Unternehmen hat, schiebt er ein Argument vor. Dieses Argument entspricht nicht dem wirklichen Grund seiner Ablehnung – es ist ein Schutzschild, eine »Vor-Wand«. Vorwände sind oft Schutzargumente, in denen Kunden zeitliche oder finanzielle Grenzen vortäuschen, an die sie angeblich stoßen. Oft behaupten Kunden auch, dass ihnen die Abschlusskompetenz fehle: »Da muss ich mich erst einmal mit ... abstimmen, bevor ich eine Entscheidung treffe.«

Einen Vorwand kannst du nicht argumentativ entkräften. Das will dein Kunde ja auch nicht, denn der Vorwand hat den Zweck, ihn davor zu schützen, dass du den wahren Grund seines Neins erkennst. Eine bewährte Technik, um Vorwände zu identifizieren und von Einwänden zu unterscheiden, ist das sogenannte hypothetische Zugeständnis in Verbindung mit der sogenannten schwebenden Frage:

Kunde: »*Das gibt mein Budget nicht her.*«
Verkäufer: »*Mal angenommen, Herr Kunde, Ihr Vorgesetzter bewilligt Ihnen ein größeres Budget ...*«* (Der Verkäufer vollendet den Satz nicht und schweigt ... 21, 22, 23 ... Die unbeantwortete Frage schwebt in der Luft.)

Kunde: »*Auch dann würde ich nicht kaufen.*«
Verkäufer: »*Dann gibt es einen anderen Grund für Sie ... Und der ist ...*«* (Der Verkäufer macht wieder eine Pause ... 21, 22, 23 ... und wieder schwebt die offene Frage in der Luft.)
Kunde: »*Na jaaa ... Ich habe von Kollegen aus der Branche gehört, dass Sie bei Reklamationen und bei der Wartung Probleme haben.*«

Der Verkäufer in diesem Beispiel kann versuchen, den Vorwand mit Finanzierungs- oder Leasingangeboten zu entkräften. Er wird aber früh daran scheitern, weil diese Angebote nicht den tatsächlichen Einwand treffen und sein Kunde einen weiteren Vorwand aus dem Hut zaubern wird. Nach einem ausgeräumten Vorwand stellt der Kunde einfach eine weitere Wand vor sich auf – so lange, bis der Verkäufer entnervt aufgibt. Wenn Sie als Verkäufer nicht die wahren Motive des Gesprächspartners herausarbeiten, werden Sie Ihren Kunden nicht überzeugen. Ersaufen Sie deshalb die Argumente Ihres Kunden nicht nach dem Gießkannenprinzip, sondern machen Sie sich die Mühe, seine Gegenargumente genau zu erfassen. Letztlich ist jeder Vorwand ein getarnter Einwand.

Mit einem hypothetischen Zugeständnis und geschickt formulierten Fragen lösen Sie den Einwand Ihres Kunden heraus, ohne ihn zu blamieren. Dann haben Sie freie Fahrt für Ihre Einwandbehandlung. Räumen Sie sich den Weg zum Abschluss frei!

84. Einwandbehandlung heißt, Informationen zu sammeln und zu liefern

Ein Einwand ist ein subjektives Argument deines Kunden gegen dein Angebot, weil ihm Informationen fehlen oder ihm missverständliche Angaben zu deinem Produkt vorliegen. Dein Kunde hat es daher verdient, dass du dir gerade in dieser Situation etwas einfallen lässt, damit er dir vertraut. Das heißt aber nicht, dass du weiterhin mit denselben Nutzenargumenten, die er bereits in einem anderen Zusammenhang akzeptiert hat, auf ihn eindrischst. Was dein Kunde stattdessen braucht, sind überzeugende Argumente, die seine fehlenden oder falschen Informationen vervollständigen oder richtigstellen. Den altbekannten Schmus immer wieder aufzuwärmen, bringt deinen Kunden und dich selbst nicht weiter. Die Devise »Steter Tropfen höhlt den Stein« greift hier nicht. Statt mit dem Kopf durch die Wand zu wollen, setzt du auf kreative Einwandbehandlung und intelligente, höfliche Hartnäckigkeit. Hier ein paar Profi-Tipps:

Sammeln Sie die Standardeinwände, die Ihnen in Ihren Verkaufsgesprächen immer wieder begegnen, und überlegen Sie sich Hypothesen, mit denen Sie diesen Einwänden begegnen. Verinnerlichen Sie diese oder ähnliche Formulierungen, um sie je nach Gesprächssituation und Kunden einzusetzen:

- »Nur mal eine Annahme …«
- »Setzen wir einmal voraus …«
- »Stellen Sie sich einmal vor …«
- »Malen Sie sich mal aus …«
- »Gesetzt den Fall …«
- »Nur eine Idee …«
- »Nur ein Gedanke …«

Achten Sie auf die Stimme, den Blick, die Mimik und die Gestik Ihres Kunden, wenn er die Einwände formuliert. Weicht der Kunde Ihrem Blick aus? Oder schaut er Ihnen fest in die Augen? Spricht er deutlich oder leise? Hastig oder angemessen? Lehnt er sich zurück und verschränkt seine Arme? Oder hat er eine offene Arm- und Handhaltung? Welche Schlüsse ziehen Sie daraus? Ist er offen und wartet auf Ihre Argumente? Oder verschanzt er sich in seiner Burg?

LAW

84

Bestätigen Sie Einwände Ihres Gesprächspartners, ohne nur einmal Ja zu sagen. Hören Sie stattdessen aktiv hin: »Okay …«, »Hhhmmm …« oder »Ich verstehe …« Durch aktives Hinhören signalisieren Sie gerade in der Einwandbehandlung, dass Sie die Argumente Ihres Kunden ernst nehmen. Lassen Sie ihn aussprechen. Beugen Sie sich leicht vor, halten Sie Blickkontakt und machen Sie sich Notizen, um Informationen für Ihre Antwort zu sammeln.

Treibt Ihr Kunde Sie mit einem unsachlichen Einwand in die Enge, bleiben Sie ruhig und lassen Sie sich nicht zu einer emotionalen Aussage hinreißen. Streiten Sie nicht, denn Ihr Kunde will immer recht behalten. Rechtfertigen Sie sich, wird sich Ihr Kunde in seinem Angriff bestätigt fühlen, auch wenn Sie ihm plausible Gegenargumente liefern. Ihr Kunde ist auf diesem Ohr taub, weil im bisherigen Gesprächsverlauf zu viele Missverständnisse aufgetreten sind. Rollen Sie das Gespräch neu auf, finden Sie heraus, woher die Missverständnisse rühren, und korrigieren Sie diese.

Warten Sie nicht darauf, dass Ihr Kunde die erwartbaren Standardeinwände ins Gespräch bringt. Als guter Verkäufer haben Sie sich ohnehin bestens darauf vorbereitet. Also überraschen Sie Ihren Kunden: »Sie haben sich sicher schon die eine oder andere Frage gestellt, zum Beispiel, welchen Mehrwert wir Ihnen im Vergleich zu Ihrem bisherigen Lieferanten bieten.« So nehmen Sie Ihrem Gesprächspartner den Wind aus den Segeln. Sie entscheiden selbst, wann die Einwände genannt werden, und behalten die Kontrolle im Gespräch.

85. Nein heißt: Noch ein Impuls nötig

»Nein!« Abwehr, Missbilligung, Ablehnung, Zurückweisung, Abfuhr, Einspruch, Absage, Protest, abweisen, einen Korb geben, zurechtweisen, abschlagen, abwimmeln, abfertigen, abblitzen lassen, verweigern. Wir kennen viele Begriffe und Formen, jemandem ein Nein entgegenzuschleudern, ihn als Person abzulehnen oder das, was er anbietet, vorschlägt, empfiehlt.

Es gibt keinen anderen Beruf, der so viel Ablehnung erfährt wie der des Verkäufers. Denn ein Nein kommt dem Kunden besonders leicht über die Lippen, viel leichter als ein Ja. Kein Wunder, denn in einem Anbietermarkt mit großer Transparenz verfügt der Kunde über eine enorme Macht. Wegen der tendenziell unbegrenzten Möglichkeiten, sich die entsprechenden Informationen online zu besorgen, besteht diese Macht vor allem darin, kritisch zu vergleichen und auszuwählen und eben Nein zu vielen Angeboten zu sagen. Manchmal auch nur, weil dem Kunden die Nase des Verkäufers nicht passt oder die Art, wie er sich räuspert, oder weil der Kunde letzte Nacht schlecht geschlafen hat oder, oder, oder …

Auch Topverkäufer hören ab und an ein Nein. Auch Topverkäufern tut ein Nein weh, denn niemand wird gern abgelehnt. Der Punkt, der Topverkäufer von anderen Verkäufern unterscheidet, ist, wie er mit einem Nein seines Kunden umgeht.

Du kannst umfallen wie ein Sack, weil dich die Zurückweisung deines Kunden bis ins Mark erschüttert, du kannst gekränkt den Rückzug antreten und beleidigte Leberwurst spielen, du kannst zurückschießen und dich auf ein Gefecht einlassen, das du sowieso schon verloren hast, du kannst deinem Kunden wüste Beleidigungen entgegenschmettern nach dem Motto »Jetzt ist es eh schon wurscht«.

Du kannst aber auch kurz tief durchatmen, deine Enttäuschung, deinen Ärger, dein Unverständnis in den Griff bekommen und dir voller Freude die Hände reiben, denn am Anfang war das Nein: Verkaufen beginnt, wenn der Kunde Nein sagt. Alles andere ist verteilen. Als Topverkäufer genießen Sie das Nein Ihrer Kunden, denn jetzt wird es für Sie richtig interessant. Nein bedeutet: noch ein Impuls nötig.

Das Nein Ihres Kunden ist meist keine endgültige Entscheidung, sondern nur sein stärkster Einwand. In der Übersetzung von Topverkäufern bedeutet ein Nein: »Hilf mir, Verkäufer, denn ich bin noch nicht überzeugt.« Vielleicht ist Ihr Kunde auch gar nicht in der Lage, seinen Einwand selbst zu erfassen oder zu formulieren. Also helfen Sie ihm dabei, diesen Einwand herauszuarbeiten, und entkräften Sie ihn sofort mit dem passenden Gegenargument. So geben Sie einen weiteren Kaufimpuls und machen aus seinem Nein ein Ja.

 **Ein Nein Ihres Kunden ist Ihre Chance, zu zeigen, welch guter Verkäufer Sie sind.**

86. Der Preis steht

Du hast deinen Gesprächspartner und sein Unternehmen im Vorfeld des Ersttermins gecheckt? Alle wichtigen Informationen recherchiert und Notizen bei der Terminvereinbarung am Telefon gemacht? Du hast deinen Kunden bei der Begrüßung angelächelt und seine Hand kräftig gedrückt? Dein Outfit stimmt, du trittst professionell auf, deine Körpersprache drückt selbstbewusste Gelassenheit aus? In der Bedarfsanalyse hast du die Bedürfnisse und die Motive deines Kunden sauber herausgearbeitet? In der Angebotspräsentation bestichst du durch eine optimale Nutzenargumentation? Die Einwände deines Kunden hast du geschmeidig entkräftet?

Wenn das alles passt, dann weiß dein Kunde: Dein Angebot ist nicht preiswert, sondern seinen Preis wert. Hast du deinen Kunden erst einmal souverän durch alle Phasen des Verkaufsgesprächs bis hierhin geführt, wird dein Kunde ganz selbstverständlich in die Preisverhandlung einsteigen. Und ein Kunde, der von sich aus beginnt, über den Preis zu sprechen, hat im Prinzip schon dein Angebot gekauft. Denn er signalisiert, dass er dein Produkt haben will.

Der Rest ist im wahrsten Sinne des Wortes nur eine Preisfrage: Ihr Kunde akzeptiert den Preis, den Sie selbstbewusst vertreten, weil Sie sich mit Ihrem Produkt tausendprozentig identifizieren und absolut sicher sind, dass Ihr Angebot das Beste ist, was Ihrem Kunden passieren kann. Das ist der überzeugendste Preis: Er ist nicht hoch, nicht niedrig, er ist kein fauler Kompromiss. Er ist der Preis, der es Ihrem Kunden wert ist!

Ihre Botschaft ist: Dieser Preis gehört zu meinem Produkt wie das Dach zum Haus. Nennen Sie Ihren Preis ganz selbstverständlich, sprechen Sie ihn deutlich aus, ohne zu zögern und ohne Hast. Diese Klar-

LAW
86

heit vermittelt Ihrem Kunden: Der Preis steht. Er ist in dieser Form, mit diesem Angebot, mit diesen Leistungen nicht verhandelbar. Bei einer solch entschlossenen Haltung, bei einem solch entschiedenen Statement empfindet Ihr Kunde den Preis, den Sie nennen, als ebenso selbstverständlich, wie Sie es selbst tun. Er spürt: Zwischen Sie und Ihren Preis passt kein Blatt Papier.

Mittelmäßige Verkäufer, die hingegen schon im Vorfeld des Termins geschlampt haben, werden im Verkaufsgespräch bedenklich ins Wanken geraten, weil ihre Kunden spüren, wie schlecht präpariert sie sind. Und wer schlecht vorbereitet ist, der riecht geradezu nach Unsicherheit. Wer unsicher ist, wird allerspätestens in der Preisverhandlung eingehen wie eine Primel, weil sein Kunde ihm die Bedingungen aufzwingen wird, unter denen er überhaupt bereit ist, über einen Kauf zu sprechen.

Dabei ist der Preis nur ein Faktor unter vielen. Gewicht bekommt er nur, wenn ein Verkäufer Angst hat, ihn zu nennen. Sein Kunde benutzt in dieser Situation den Preis als Argument, um den Verkäufer in die Defensive zu drängen. Dann ist die Preisjagd eröffnet.

Mit Ihrer Vorbereitung und Ihrer Einstellung bestimmen Sie den Preis, den Sie letztlich aushandeln. Wenn Sie Ihrem Kunden den Nutzen vor Augen führen, den er von Ihrem Produkt hat, wird es so attraktiv, dass der Preis zur Nebensache wird. Das Preis-Leistungs-Verhältnis stimmt. Das Angebot ist seinen Preis wert. Der Preis steht.

87. Das wichtigste Gefühl bei Preisverhandlungen ist Selbstachtung

Du ziehst automatisch das an, was du ausstrahlst: Mittelmäßige Verkäufer bekommen durchschnittliche Kunden und erzielen mittelmäßige Preise für durchwachsene Angebote. Spitzenverkäufer verhandeln mit Topkunden und erzielen Preise, die Champions zustehen, für Angebote, die ihren Preis wert sind.

Zu simpel, sagst du? Dann betrachte die Angelegenheit doch einmal von dieser Seite: Dein Preis ist nicht nur eine blanke Zahl, er spiegelt nicht allein das Produkt wider, das dein Kunde dafür erhält. Er ist vielmehr auch Ausdruck deines Engagements für dein Angebot und deinen Kunden. Er trägt auch dein Herzblut in sich, mit dem du der beste Verkäufer und Betreuer bist, den dein Kunde bekommen kann. Er ist auch ein Versprechen für die Zukunft eurer Beziehung. Kurz: Er ist Ausdruck deiner Leidenschaft als Verkäufer.

Als guter Verkäufer bist du dir deinen Preis selbst wert. Mach dir immer klar, unter welchem Preis du dein Angebot niemals verkaufen willst. Was ist dir dein Können, dein Engagement, dein Herzblut wert? Und welcher Preis ist unter deiner Würde? Welchen Preis verlangst du, damit du deine Selbstachtung bewahrst?

Lassen Sie Ihren Kunden spüren, dass Sie voll und ganz hinter Ihrem Angebot und Ihrem Preis stehen. Ihrem Kunden zu verdeutlichen, welchen Nutzen er von Ihrem Angebot hat, ist die erste Brennstufe. Die zweite Stufe: ihm zu zeigen, dass Preis und Leistung deshalb im richtigen Verhältnis zueinander stehen. Zum Feuerwerk wird das Preisgespräch dann, wenn Ihr Kunde spürt, was er darüber hinaus noch on top erhält: Ihre Leidenschaft als Verkäufer!

Nur ein Verkäufer der Marke »Pessimist« ist der Meinung, er hätte keinen Einfluss auf den Preis, schließlich sei er von seinem Unternehmen festgelegt und ließe keinerlei Spielraum. So denken nur Buchhaltertypen und Verkäufer, die jede Grenze akzeptieren, die ihnen vor die Nase gesetzt wird. Die diese Grenzen nicht einmal infrage stellen oder hinausschieben oder gar überschreiten. Denn selbst bei festen Preisen bieten Sie Ihrem Kunden einen einzigartigen Mehrwert an, den er nur bei Ihnen bekommt: Ihr Engagement als Kundenbetreuer!

LAW 87

Ihre Vorbereitung und Ihre Haltung gegenüber Ihrem Angebot bestimmt das Selbstbewusstsein, mit dem Sie in das Preisgespräch gehen. Ihre Selbstachtung definiert den Preis, den Sie sich selbst darüber hinaus als Verkäufer wert sind. Deshalb bekommen mittelmäßige Verkäufer nur mittelmäßige Preise und Spitzenverkäufer Spitzenpreise.

Wie sieht es mit Ihrem Selbstwertgefühl aus? Wie viel sind Sie sich als Verkäufer selbst wert?

88. Preisstolz heißt, stolz zu sein auf die eigene Leistung

Kunde: »*Sie liegen ein ganzes Stück über meinem Budget. Da liegt mir ein günstigeres Angebot vor.*«
Verkäufer: »*Ja, aber unsere Wartungsintervalle sind kürzer als bei der Konkurrenz.*«
Kunde: »*Das überzeugt mich nicht. Da müssen Sie mir schon mehr entgegenkommen!*«
Verkäufer: »*Also, ein bisschen Spielraum beim Preis habe ich ja noch ...*«

Dieses Preisgespräch lässt nur ein Fazit zu, was die Haltung des Verkäufers betrifft: Nutzenargumentation = null. Standvermögen = null. Selbstachtung = null. Ergibt summa summarum: Preisstolz = null.

Dieser Verkäufer knickt bei der kleinsten Brise ein. Das ist nicht mal Gegenwind, sondern ein laues Lüftchen, was ihm da entgegenweht, und schon ist er mittendrin in der Preisspirale. Alles, was jetzt noch kommt, ist, dass er sein Produkt allein über den Preis verkauft. Und der wird immer kleiner, weil sein Kunde wie ein Bluthund die Angst des Verkäufers vor dem Verlust des Auftrags riecht und denkt: Wenn der so schnell nachgibt, kann ich da bestimmt noch mehr rausholen. Also gilt ebenso: Respekt des Kunden = null.

Preisstolz bedeutet, dass sich dein tief und ehrlich empfundener Stolz auf dein Unternehmen, dein Produkt, dein Angebot, deine verkäuferische Kompetenz, deine Leidenschaft für deinen Beruf und dein Engagement für deine Kunden in deinem Preis widerspiegeln. Genau deshalb beweisen Spitzenverkäufer bei Preisgesprächen Standvermögen. Ihr Preisstolz verbietet es ihnen, nur über Zahlen zu sprechen. Stattdessen heben sie hervor, wie ihre Kunden von ihrer Leistung profitieren. Diese Leistung besteht nicht allein in dem unmittelbaren Kundennutzen, den das Produkt liefert. Im Preis inbegriffen sind darüber hinaus Kompetenz, Leidenschaft, Engagement. Das ist der Mehrwert, den Preisstolz ausmacht. Der Leitspruch von Topverkäufern für Preisgespräche ist: »Alles in der Welt hat seinen Preis. Meine Leistung hat ihren Wert!«

Erstklassige Verkäufer sind daher in der Lage, eine Stunde über ihren Preis zu sprechen, ohne dabei ins Schwitzen zu geraten. Gerade bei Sehr-/Zu-teuer-Einwänden reagieren sie gelassen: »Herr Kunde, es stimmt, dass wir ein hohes Preisniveau haben. Dafür bekommen Sie auch etwas wirklich Ausgezeichnetes und Wertvolles. Wie wichtig ist Ihnen ein hohes Leistungsniveau?«

Preisstolz bedeutet nicht, dass Sie die Preisforderungen Ihres Kunden gleichmütig wie ein dicker Buddha aussitzen und auf Ihrem Preis unnachgiebig bestehen. Im Gegenteil – seien Sie flexibel wie ein Bambus im Orkan! Seien Sie biegsam, aber bleiben Sie aufrecht stehen!

 **Zeigen Sie Verhandlungsbereitschaft und den Preisstolz, der Ihrem Kunden Respekt abverlangt. Deshalb ist ein Preisnachlass die falsche Antwort. Die richtige Antwort lautet: kleinerer Preis für kleinere Leistung.**

89. Dein Angebot gehört deinem Kunden

> Kunden-Nr. 320673
> Unser Zeichen: hu7254
>
> **Angebot 7254**
>
> Sehr geehrter Herr Kunde,
> auf der Basis unseres Gesprächs vom 05.06.2016 unterbreiten wir Ihnen nachfolgend dieses Angebot:
>
> ... für **XX Euro**
>
> Bitte beachten Sie unsere AGB sowie unsere Liefer- und Zahlungskonditionen im Anhang.
>
> Wir hoffen, Ihnen ein angemessenes Angebot unterbreitet zu haben, und würden uns freuen, Sie zu unseren Kunden zählen zu dürfen. Bei Rückfragen steht Ihnen unser Kundenservice zur Verfügung.
>
> Mit freundlichen Grüßen
> Hans Huber

Die meisten Angebotsschreiben erfüllen den Tatbestand der Körperverletzung: Preis fett gedruckt, Leistungsmerkmale schön versteckt – wenn sie überhaupt auftauchen. Das sind Preisblätter, aber keine Angebote, und Verkäufer, die solche Schreiben verschicken, sind lebende Preisschilder.

Nichts gegen Textbausteine. Wenn sie professionell und zeitgemäß abgefasst sind, bilden sie einen guten Rahmen, innerhalb dessen ein Angebot erstellt wird. Viele Verkäufer versäumen es aber, diesen Rahmen mit Leben zu füllen: mit individuellen Formulierungen, die genau diesen einen Kunden ansprechen. Ergebnis: ein standardisierter, langweiliger, toter Phrasenbrei, der den Empfänger so persönlich anspricht wie Spam-Mails, die obskure Finanzierungsangebote machen. Der Kunde will sich aber im Angebot wiederfinden. Anders formuliert: Es ist sein Angebot, nicht das des Verkäufers. Der Verkäufer schreibt es für den Kunden, nicht für sich selbst. Deshalb gilt:

- Vermeiden Sie den Begriff »Angebot« und nutzen Sie stattdessen »Empfehlung«. Das klingt exklusiver und gediegener.
- Fetten Sie niemals den Preis, sondern richten Sie den Fokus Ihres Kunden beim Lesen vor allem auf die Leistungsmerkmale. Verpacken Sie den Preis zwischen den Leistungsmerkmalen wie den Schinken im Schinkensandwich.
- Gliedern Sie den Text Ihres Angebots übersichtlich. Vermeiden Sie lange Textblöcke, die Ihren Kunden eher erschlagen als motivieren weiterzulesen. Ziel: Ihr Kunde kann alle wesentlichen Informationen innerhalb weniger Sekunden erfassen und einordnen.
- Verschicken Sie immer ein schriftliches Angebot per Post. Was früher ganz üblich war, ist heute schon die große Ausnahme. Überraschen Sie Ihren Kunden mit diesem Luxus: ein individuelles Angebot auf besonderem Papier in einem Umschlag, der auch leicht geknickt noch edel aussieht.
- Senden Sie Ihrem Kunden dieses Angebot zusätzlich per Mail, und zwar als PDF-Anhang mit Logo. In der Mail selbst beziehen Sie sich nur kurz auf den Anlass des Angebots und weisen darauf hin, was er im Anhang findet.
- Vor das Angebot – sowohl in der Printversion als auch im PDF – gehört ein Deckblatt, auf dem Ihr Kunde seinen Namen lesen kann und das Logo seines Unternehmens sieht.

Angebotsschreiben sind Verkaufsvehikel. Ihre Kunde will im Angebot Ihre Kompetenz, Professionalität und Kundenorientierung spüren. Dieses Gefühl, bei Ihnen gut aufgehoben zu sein, geben Sie ihm, wenn Sie sich von den vielen mittelmäßigen Angebotsabwicklern mit austauschbaren Textbausteinen unterscheiden.

 **Machen Sie aus Ihrem Angebot ein kleines Erlebnis, das so individuell ist wie Ihr Kunde.**

90. Das beste Preisgespräch ist das, das nicht stattfindet

Ohne Hausaufgaben kannst du an deinem Preis nicht festhalten. Wenn du den Bedarf deines Kunden nicht sauber analysiert und seine Kaufmotive erfasst hast, bleibt deine Nutzenargumentation wirkungslos, das heißt: Dein Kunde findet sich nicht darin wieder. Schon in der Angebotspräsentation und Einwandbehandlung wirst du auf seinen Widerstand stoßen, aber spätestens im Preisgespräch fehlen dir die Stürmer, um die Abwehrkette deines Kunden zu knacken.

Dazu kommt, dass die meisten Kunden nur noch in Zahlen denken und die Vorteile deines Angebots aus den Augen verlieren, sobald sie zum Preisgespräch übergehen. Dein Job ist es dann, sie aus diesem Preistunnel herauszuholen und ihnen eine solide Brücke zwischen Preis und Leistung zu bauen, also den Fokus des Kunden weg vom nackten Preis zu bringen und auf das Preis-Leistungs-Verhältnis zu richten.

Aber wie kannst du eine Brücke bauen, wenn dir das Material fehlt, wenn du keinen Beton und keinen Stahl dafür organisiert hast? Wie kannst du im Preisgespräch deinen Kunden immer wieder auf die Leistung hinweisen, deinem Kunden seinen individuellen Nutzen, die Vorteile, den Benefit, den Mehrwert deines Angebots verdeutlichen, wenn dir die passenden Argumente dafür fehlen? Dann bleibt dir nur noch der Preis. Und das bedeutet: Rabatte, Nachlasse, Sonderkonditionen, die dir wehtun.

Reden Sie deshalb erst dann über den Preis, wenn Sie sicher sind, dass Sie mit Ihrer Nutzenargumentation richtig liegen. Spüren Sie, dass Ihr Kunde Ihnen dabei nicht folgt, rollen Sie die Bedarfsanalyse und die Kaufmotive lieber noch einmal auf.

Frühe Fragen Ihres Gesprächspartners nach dem Preis beantworten Sie, indem Sie ihm eine Preisspanne nennen, wobei Sie den höheren Wert zuerst nennen, den kleineren zuletzt, denn dieser kleinere Wert bleibt eher im Gedächtnis Ihres Kunden hängen. Mit der folgenden Antwort zeigen Sie Ihrem Kunden, dass Sie dem Preisgespräch keineswegs ausweichen, aber es später führen wollen: »Herr Kunde, damit wir für Sie den Preis kalkulieren, der wirklich Ihrem Bedarf entspricht, lassen Sie uns zunächst klären, was Sie brauchen.«

LAW 90

An Ihrem Preis halten Sie nur dann souverän fest, wenn Sie Ihre Bedarfsanalyse picobello durchgeführt haben und die Kaufmotive Ihres Kunden wie aus dem Ei gepellt vor Ihnen liegen. Dann zeigt Ihre Nutzenargumentation Wirkung, dann fühlt sich Ihr Kunde gut bei Ihnen aufgehoben. Wenn Sie dieses Verkäuferhandwerk professionell einsetzen, erkennt Ihr Kunde den Wert Ihrer Leistung und folgt Ihrem Preis. So wird der Preis zur Nebensache.

91. Nach zwei Angeboten ist Schluss

Stellen Sie sich folgende Situation vor: Sie haben einem Kunden bereits zweimal ein Angebot gemacht. Beide Male kam kein Abschluss zustande, weil Ihr Kunde Ihren Preis nicht akzeptieren und weiterverhandeln wollte. Aber Ihr Preis steht! Nun ruft dieser Kunde ein drittes Mal an, um Sie zu einem weiteren modifizierten Angebot zu überreden. Sein Motto ist anscheinend »Ich mach's wie die Topverkäufer – höfliche Hartnäckigkeit hilft«.

Kunde: »*Hallo, Herr Verkäufer, Sie sehen, ich lass nicht locker. Wann machen Sie mir denn endlich ein vernünftiges Angebot?*«
Sie: »*Herr Kunde, ich find's klasse, dass Sie wieder an mich denken. Was wollen Sie denn diesmal konkret im Angebot lesen, damit Sie mit mir das Geschäft machen?*«
Kunde: »*Dass Sie mir den besten Preis machen.*«

Vielleicht ist dieser Kunde tatsächlich an Ihrem Produkt interessiert und ein zäher Verhandlungspartner, der unbedingt mit Ihnen ins Geschäft kommen will – zu seinem Preis. Und wenn das nicht funktioniert, will er einfach möglichst viel für sich herausholen. Das würde bedeuten, Sie hätten einen zappelnden Fisch an der Angel, dem Sie Ihre Konditionen weitgehend diktieren könnten. Das wäre ja wie in den guten alten Zeiten, als es noch Unternehmen mit einem Marktmonopol gab …

Aufwachen! Das ist nur ein Traum! Viel realistischer ist diese Variante: Wenn Ihr Kunde nach einem dritten Angebot fragt, wird er es wahrscheinlich tun, um seinen Stammlieferanten zu drücken. Denn warum sollte dieser Kunde beim dritten Angebot kaufen, wenn er es nicht schon bei den beiden ersten Malen getan hat?

Machen Sie diese Angebotsbeschäftigungs-
therapie nicht mit! Lassen Sie sich nicht
dafür benutzen, damit ein potenzieller Kunde seine Marktmacht ausspielen
kann. Dass er es versucht, ist normal –
aber das heißt noch lange nicht, dass Sie
darauf anspringen: »Herr Kunde, Sie haben
doch bei den beiden letzten Angeboten gesehen, dass wir uns nicht über den Preis, sondern über
die Leistung definieren. Und wenn Sie an Leistung denken, was hat
Ihnen dann besonders gut gefallen? Wir werden auch dieses Mal
nicht die Billigsten sein. Jetzt motivieren Sie mich mal: Aus welchem
Grund soll ich Ihnen ein Angebot machen?«

Hervorragende Antwort! So oder so muss Ihr Kunde nun Farbe be-
kennen: Entweder rückt er raus mit der Sprache und gibt zu, dass er
Ihr Angebot benötigt, um seinen Stammlieferanten im Preis zu drücken. Oder, für den unwahrscheinlichen Fall, dass er tatsächlich Ihr
Produkt will, ist es unvermeidlich, dass er auch das zugibt. Und dann
sind Sie am Drücker!

LAW

91

92. Die Situation bestimmt den Preis

Neben deiner Vorbereitung, Nutzenargumentation, Selbstachtung und deinem Preisstolz gibt es noch einen weiteren wichtigen Baustein souverän geführter Preisverhandlungen: Ist die Gesprächsatmosphäre geprägt von deiner Professionalität und Wertschätzung für deinen Kunden, wertest du dein Angebot zusätzlich auf und gibst ihm einen Rahmen, der Kompetenz, Aufmerksamkeit und Prestige signalisiert.

Die Wertschätzung für deinen Kunden transportierst du auch in deinem Auftreten. Egal, ob das Verkaufsgespräch bei ihm stattfindet oder in deinem Büro oder Besprechungszimmer. Deine Leistung ist der Hauptstrich, die Details, auf die du achtest, sind das Tüpfelchen auf dem i. Auch hier gilt: Kleinigkeiten bedeuten nicht viel, sie bedeuten alles:

- Ist Ihr Auto sauber? Rechnen Sie immer damit, dass Ihr Kunde Sie von seinem Büro aus sehen kann, wenn Sie aussteigen. Was denken Sie als Käufer, wenn Sie einen Verkäufer empfangen, dessen Wagen vor Dreck starrt?
- Stimmt Ihr Outfit? Sie wollen schon mit Ihrem äußeren Erscheinungsbild Eindruck schinden? Dann achten Sie nicht nur auf stilsichere Kleidung und gepflegte Schuhe, sondern auch auf Details wie maximal dezenten Schmuck. Piercings und Tattoos sind unangebracht, es sein denn, Ihr Kunde ist Besitzer eines Schmuckladens oder Tattoo-Studios. Sehen Sie immer einen Tick mehr »businesslike« aus als Ihr Kunde. Ihren »casual day« legen Sie ein, wenn Sie in Ihrem Büro sind und keinen Kundentermin haben.
- Sind Ihre Verkaufsaccessoires angemessen? Edle Verkaufsmappe, eleganter Marken-Kugelschreiber oder -Füllfederhalter in eigenem Lederetui, gepflegtes Notebook in aufwendiger Laptoptasche, saubere Klarsichthüllen, Visitenkarten aus Büttenpapier in einer

edlen Plexiglas- oder Aluminiumbox. Wer an das Geld anderer Leute will, muss selbst nach Geld aussehen, richtig?

Wenn Ihr Kunde zu Ihnen kommt, achten Sie nicht nur auf Ihr Outfit und Ihre Accessoires, sondern sorgen Sie außerdem für eine angenehme und entspannte Gesprächssituation:

LAW
92

- Ist Ihr Büro bzw. Besprechungszimmer aufgeräumt? Was glauben Sie, hält Ihr Kunde von Ihrer Key-Account-Betreuung, wenn Ihr Schreibtisch vermüllt ist, Ihr Papierkorb überläuft und aus Ihren Sideboards und Regalen das Chaos grüßt?
- Servieren Sie besser San Pellegrino in kleinen Flaschen statt ein Glas, das Sie offensichtlich mit Leistungswasser gefüllt haben, und frisch zubereiteten Kaffee statt den abgestandenen Muckefuck aus der Thermoskanne. Und zwar in neutralen Porzellanbechern ohne Griffe, sodass Ihr Kunde die Tasse umfassen kann, und nicht im Coffee-to-go-Pappbecher vom Bäcker nebenan. Ebenso servieren Sie den Zucker in einer Porzellandose. Der Orangensaft ist frisch gepresster Direktsaft aus der Kühlung und nicht der billige Tetrapak-Nektar vom Discounter, die Kekse vom Konditor und nicht aus der 99-Cent-Packung.

Viel zu viel Aufwand, finden Sie? Gegenfrage: Sind Ihnen ein umsatzstarker Auftrag und eine loyale Kundenbeziehung über mehrere Jahre hinweg mit vielen Zusatzverkäufen nicht die paar Euro und Minuten für die Vorbereitung wert?

 **Wenn Sie professionell auftreten und eine charmante Gesprächsatmosphäre schaffen, spürt Ihr Kunde Ihre Wertschätzung und ist positiv überrascht. Dann brauchen Sie über den Preis nicht mehr zu diskutieren.**

93. Verlustangst führt zu Preisnachlass

»Ich brauche diesen Auftrag so dringend ... Wenn mir der Kunde abspringt, dann kann ich den Portugalurlaub in der Pfeife rauchen ... Wie bringe ich das bloß meiner Frau bei? Und mein Chef, der wird mir erst auf die Füße treten ... Meine Kollegen werden mich wieder mitleidig anschauen und diese geheuchelten ›Das-wird-schon-wieder‹-Sprüche säuseln ... Wenn ich nicht nachgebe, ist der Auftrag futsch ... Dieser Kunde ist aber auch eine harte Nuss, ständig hat er noch Fragen zu Produktdetails ... Irgendwie hat ihn meine Präsentation nicht überzeugt ... Den kann ich wohl nur mit einem Nachlass ködern ...«

So oder so ähnlich läuft das Kopfkino eines Verkäufers ab, dem die Angst, den Auftrag zu verlieren, aus den Poren tropft. Dabei wissen alle: Angst ist der schlechteste Ratgeber, an den du dich in einer Situation der Unsicherheit wenden kannst. Aber warum ist dieser Verkäufer so verunsichert und deshalb ängstlich?

Erstens hat er wohl seine Hausaufgaben nicht ordentlich gemacht: In diesem Fall hat er bei der Bedarfsanalyse geschlampt und/oder die Kaufmotive seines Kunden nicht sauber herausgearbeitet. Ergebnis: Der Kunde hat schon während der Angebotspräsentation seine Einwände vorgebracht und den Verkäufer damit aus dem Konzept gebracht. Schlechte Voraussetzungen für ein souveränes Preisgespräch. Zweitens verstärkt die Unsicherheit des Verkäufers seine falsche Einstellung nur noch. Statt mit Optimismus, Selbstvertrauen, Selbstachtung und Preisstolz in die Preisverhandlungen zu gehen, ist Angst sein stärkster Antrieb. Nicht der Wille, das beste Ergebnis für sein Unternehmen und sich selbst herauszuholen, ist sein Ziel, sondern irgendwie den Abschluss zu machen. Das Resultat des Preisgesprächs ist vorhersehbar: Der Verkäufer liebäugelt damit, seinem Kunden einen Nachlass anzubieten. Der Kunde wiederum spürt die Unsicherheit des

Verkäufers und wird dessen Preis angreifen. Die Rabattgier des Kunden ist die Faust auf dem Auge der Verlustangst des Verkäufers. Fazit: Der Umsatz schwindet, die Marge schmilzt.

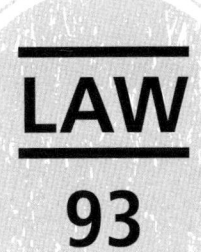

Aus der Haltung der mentalen Stärke heraus geben Topverkäufer selbstbewusste Antworten. Sie lassen sich nicht aus der Ruhe bringen, bestehen auf ihrem einmaligen Preis-Leistungs-Verhältnis und haben ihr Ziel, den Abschluss, fest im Blick:

- »Herr Kunde, lassen Sie uns doch beide den Tisch als Gewinner verlassen.«
- »Herr Kunde, Sie kaufen nicht nur den Preis, sondern auch mein Herzblut mit dazu.«
- »Herr Kunde, wir wollen keinen Umsatz machen, wir wollen Sie als Kunden gewinnen.«
- »Herr Kunde, ich sehe schon, Sie sind in Verhandlungslaune.«

Bei hartnäckigen Kunden, die auf dem Rabattpferd herumreiten und partout nicht absteigen wollen, drehen sie den Spieß einfach um:

- »Herr Kunde, mein Prinzip ist: 100 Prozent Leistung für 100 Prozent Geld, 90 Prozent für 90 Prozent.«
- »Na klar können wir es billiger machen, wenn Sie bei der Leistung abspecken …«
- »Na klar können wir Ihnen einen besseren Preis machen. Auf welche unserer Leistungen wollen Sie denn verzichten?«

Machen Sie es wie die Champions: Raus aus der Verlustangst, rein in die Siegermentalität! Denn Kunden kaufen bei Siegern.

94. Mangelnder Glaube an sich selbst ist die Lizenz zum Rabattieren

Ein wichtiger Grund dafür, dass viele Mittelmaßverkäufer im Preisgespräch nicht zu ihren Preisen stehen, ist ihre mangelnde Identifikation: mit dem Produkt, das sie verkaufen, und mit dem Unternehmen, für das sie arbeiten. Dazu kommt, dass ihnen der Glaube an sich selbst fehlt: an die eigenen verkäuferischen Fähigkeiten, an das eigene Know-how, an die eigene Stärke gegenüber ihren Kunden.

Natürlich gibt es Unterschiede: Einige Verkäufer stehen zwar hinter ihrem Unternehmen und glauben auch an sich selbst. Aber ihnen geht das Vertrauen in ihr Produkt oder ihre Dienstleistung ab. Manche halten ihr Produkt zwar für konkurrenzlos und arbeiten gern für ihr Unternehmen. Aber diese Verkäufer hadern wiederum mit sich selbst und ihrer Persönlichkeit. Und andere Verkäufer finden ihr Produkt gut und sind auch überzeugt von sich selbst, aber sie wollen das Unternehmen wechseln. Und es gibt tatsächlich auch Verkäufer, die glauben an nichts davon und gehen trotzdem zum Kunden. Aber nicht lange. Denn wer bitteschön kann so einen Verkäufer tatsächlich ernst nehmen?

Wie du es auch drehst und wendest: Als guter Verkäufer identifizierst du dich absolut mit deinen Produkten und deinem Unternehmen und glaubst an dich selbst. Sonst kannst du deinen Preis nicht durchsetzen. Mangelnder Glaube an das eigene Unternehmen ist riskant, an die eigenen Produkte und Dienstleistungen fatal, mangelnder Glaube an sich selbst ist im Preisgespräch die Lizenz zum Rabattieren.

»Wir hoffen, Ihnen ein interessantes Angebot zu einem fairen Preis unterbreiten zu können« – so sprechen Türklinkenputzer, Fußabtreter und Hausmeister, aber nicht Verkäufer, die hinter ihren Produkten, Unternehmen und Preisen stehen. Selbstvertrauen und Preisstolz drücken sich zum Beispiel so aus: »Ja, Herr Kunde, unser Preis ist nicht der niedrigste. Unser Preis-Leistungs-Verhältnis ist unschlagbar. Sie wissen, wie gut unser Produkt zu Ihnen passt. Sie wissen, welch guten Ruf unser Unternehmen zu Recht genießt. Und mein Herzblut, mein großes Engagement ist im Preis ohnehin inbegriffen.«

LAW

94

Topverkäufer lassen ihre Kunden spüren, wie stolz sie auf ihr Produkt, ihr Unternehmen und ihren Job sind. Dass sie für ihre Kunden ihre ganze Kompetenz und Leidenschaft in die Waagschale werfen. Sie lassen ihre Kunden ihren Preisstolz spüren.

Jetzt mal Butter bei die Fische: Wie groß ist Ihr Stolz auf das, wofür Sie arbeiten? Und wie sehr lassen Sie diesen Stolz Ihre Kunden spüren?

95. Rabatte anbieten ist verboten

Kunde: »*Ich sehe die Vorteile, die Ihr Produkt hat … Vielleicht sprechen wir jetzt über den Preis. Was bieten Sie mir denn da an?*«
Verkäufer: »*Der Listenpreis ist XX Euro. Aber da lässt sich schon noch etwas machen …*«

Was denkt der Kunde nach der Antwort des Verkäufers?

Variante 1: Der bietet mir einen Nachlass an, ohne dass ich danach gefragt habe. Dann ist da bestimmt noch mehr drin. Ich schaue mal, wie weit ich komme. Den quetsche ich aus wie eine Zitrone.

Variante 2: Mit dem zu verhandeln, macht ja überhaupt keinen Spaß. Langweilt mich. Da geh ich gleich zum Maier von der Konkurrenz. Der gibt wenigstens nicht gleich nach.

Variante 3: Seltsam, dass der mir gleich einen Rabatt anbietet … Warum macht der das? Ist an dem Produkt irgendwas faul, dass er mir das anbietet wie auf der Resterampe?

Egal, welche Variante tatsächlich zutrifft: Dieser Verkäufer sägt sich auf jeden Fall den Ast ab, auf dem er sitzt. Er signalisiert, dass er den Auftrag so dringend braucht, dass er sich bereitwillig, ganz ohne Not, in die Gewalt seines Kunden begibt und darum bettelt, erpresst zu werden: Mein Preis ist Wachs in deinen Händen, drück ihn soweit du kannst, ich mache alles mit, stoß mich in die Rabatthölle!

Schwenkst du von vornherein die weiße Fahne und kapitulierst, schadest du dir außerdem selbst. Du beschädigst nicht nur deine eigene Glaubwürdigkeit, sondern auch die deines Unternehmens – und damit langfristig auch die Marke. Du zerstörst das Vertrauen deines

Kunden in dein Produkt. Dein Kunde ist verunsichert, er zweifelt an der Qualität deines Produkts oder am Preis-Leistungs-Verhältnis, an der Seriosität deines Angebots, an deiner Seriosität, an der deines Unternehmens. Wie du es auch drehst und wendest: Diese Zweifel sind für dich als Verkäufer tödlich.

Ein einseitiger Preisnachlass verhilft Ihnen vielleicht kurzfristig zum Auftrag. Auf lange Sicht tun Sie sich damit aber keinen Gefallen: Kunden, denen Sie das Produkt zum ursprünglichen, zum höheren Preis verkauft haben, bombardieren Sie mit Retouren und Reklamationen, sobald sich in der Branche herumspricht, wie Sie Aufträge akquirieren. Ihre Glaubwürdigkeit ist weg, der Respekt Ihrer Kunden futsch, Ihr Ruf in der Branche kaputt. Lohnt sich das wirklich für einen Auftrag?

Gewähren Sie nie einen Nachlass ohne Gegenleistung – und auch dann nur, wenn Ihr Kunde explizit danach fragt. Rabatte anbieten verboten!

96. Nur über den nackten Preis verkaufen bietet keinen Mehrwert

Alle Verkäufer sind auch Kunden. Und viele mittelmäßige Verkäufer drehen den Cent zweimal um und kaufen Produkte und Dienstleistungen nach dem »Geiz-ist-geil«-Prinzip: Es geht immer noch billiger. Wer selbst immer nur die Preisbrille aufsetzt und billig einkauft, blendet Leistung und Mehrwert von Produkten und Dienstleistungen aus. Wie kann ein Verkäufer, der selbst allein den Preis im Auge hat, hochwertige Produkte und Dienstleistungen verkaufen und damit auch hohe Preise machen? Wie soll sein Kunde den Mehrwert eines Produkts schätzen, wenn der Verkäufer selbst diesen Mehrwert nicht spürt und das Preis-Leistungs-Verhältnis nicht glaubwürdig vermittelt?

Verkaufst du nur über den nackten Preis, dann verkaufst du ohne Leidenschaft, Herzblut und Preisstolz. Dann verkaufst du ohne Verpackung, ohne Performance, ohne Stil und professionelles Auftreten. Dann sieht, schmeckt, hört, fühlt und versteht dein Kunde nicht den Nutzen deines Angebots, den Benefit deines Produkts, den Mehrwert.

Ihr Kunde braucht Vorteile, den Nutzen, den er von Ihrem Angebot hat: Gewinn machen, Kosten senken, von Ihrem erstklassigen Service profitieren, Probleme lösen und, und, und. Er will die Vorteile vor Augen haben, sie greifen, er will sich vorstellen, welche positiven Effekte Ihr Produkt in seinem Unternehmen, in seiner Abteilung, bei ihm zu Hause hervorruft. Machen Sie ihm deshalb klar, was er versäumt, wenn er nur auf den Preis schaut. Zeigen Sie ihm, welche Auswirkungen es hat, wenn er nicht bei Ihnen kauft.

Wenn aber wider Erwarten gar nichts anderes mehr geht, weil Ihr Kunde sich nicht vom Preis lösen will, dann reden Sie Klartext:

Verkäufer: »*Herr Kunde, über was sprechen wir eigentlich gerade?*«
Kunde: »*Über den Preis.*«
Verkäufer: »*Herr Kunde, meine Aufgabe als Verkäufer ist es doch, den Preis in das richtige Verhältnis zum Nutzen zu setzen. Denn wir wissen doch beide: Ein Geschäft ist nur dann für beide Seiten ein gutes Geschäft, wenn für beide Preis und Nutzen übereinstimmen.*«

Und dann verpacken Sie den Preis zwischen Kaufmotiven, Vorteilen und dem Nutzen für Ihren Kunden. Seien Sie der Baguette-Macher Ihres Kunden und belegen Sie ein leckeres Preis-Baguette mit unwiderstehlichen Zutaten, denn diese Komposition schmeckt Ihrem Kunden einfach besser als die nackte Preiswurst im trockenen Weißbrot: »Herr Kunde, Sie investieren in Ihren neuen Business-Rechner mit HD-Display und der neuen Akku-Generation mit bis zu zwölf Stunden Laufzeit, sodass Sie über den Tag optimal versorgt sind, nur Eins-sieben-dreiundachtzig. Darin enthalten sind zusätzlich die schnellen USB-3.0-Anschlüsse für Ihre Beamer-Präsentation, externe Laufwerke und Adapter sowie eine praktische, luxuriöse Tragetasche als Schutz bei Ihren Reisen.«

Oder nutzen Sie die Mehrwertkette, um die Produktvorteile, den individuellen Kundennutzen und Ihren Preis miteinander zu verknüpfen. Der Clou dabei: Sie nennen nicht den Preis, sondern heben allein den Mehrwert für Ihren Kunden hervor: Schritt 1: Sie zählen drei Produkteigenschaften auf, die Ihrem Kunden wichtig sind: »Dieses Angebot beinhaltet: a … b … c …« Schritt 2: Sie unterstreichen den entsprechenden Nutzen für Ihren Kunden: »Das bedeutet für Sie: 1.… 2.… 3.…« Schritt 3: Sie ziehen folgendes Fazit »Und dies zusammengenommen ist Ihnen doch sicher etwas mehr wert, stimmt's?«

Motivieren Sie Ihren Kunden mit einer cleveren Nutzenargumentation, mit Ihrer Performance und Ihrer Leidenschaft als Verkäufer, seinen Blick auf das Preis-Leistungs-Verhältnis zu richten. Dann ist der Preis nicht heiß.

97. Gute Kunden bleiben der Beziehung treu

Nicht nur viele Mittelmaßverkäufer verkaufen über den nackten Preis, ohne Nutzenargumente, ohne Emotion, ohne Performance. Es gibt auch viele Unternehmen, die in ihrer Preisfixierung ihren Verkäufern diese Haltung aufs Auge drücken und sie mit diesen beiden typischen Vorgaben in Verkaufsgespräche und Preisverhandlungen schicken:

- »Hauptsache, du machst den Auftrag, egal wie«: Die Einstellung, dass ein schlechtes Geschäft besser ist als gar keines, führt vielleicht kurzfristig zum Auftrag, aber langfristig? Warum sollte der Verkäufer auch nur einen Funken Stolz für sein Angebot empfinden? Welche Motivation hat er, sich für seinen Kunden einzusetzen, ihn vom Wert seines Preises zu überzeugen? Welchen Antrieb hat er, sich überhaupt Mühe zu geben, wenn es allein um den Preis geht? Leitspruch: »Don't lose a deal about the price.«
- »So viel darfst du runtergehen«: Das Unternehmen gibt seinem Verkäufer eine feste Rabattspanne vor. Mit dem Effekt, dass der Verkäufer nur in Zahlen denkt, nicht in Mehrwert, nicht in Leistung, nicht in Nutzenargumenten. Er geht den Weg des geringsten Widerstandes, ohne Leidenschaft und Performance. Der Preis, den er als Erstes nennt, ist nur eine Luftnummer, weil der Verkäufer ohnehin nicht daran glaubt, denn es ist ja noch genug Luft nach unten. Sobald sein Kunde nur den Mund aufmacht, um »Nachlass« oder »Rabatt« zu sagen, eilt dem Verkäufer sein Gehorsam voraus: »Ja, Herr Kunde, na klar gebe ich dir den Minimalpreis, den Maximalrabatt, gehe ich an die Schmerzgrenze!«

Wenn du deinen Beruf als Verkäufer liebst, wenn dir was an deinen Kunden liegt, wenn du Ansprüche an die Qualität deiner Arbeit stellst, dann quittierst du sofort deinen Job bei einem solchen Unternehmen. Sonst gehst du vor die Hunde.

Es geht eben auch ganz anders. Ein Gegen-
modell zu diesen Vorgaben und einer der
wichtigsten Motivationsfaktoren für einen Verkäufer ist die Beziehung zu seinen
Kunden.

LAW

97

Stammkunden überraschen Sie zum Beispiel
mit »Kuschel-Calls« oder spontanen Besuchen:
»Ich wollte mal sehen, ob alles okay ist bei Ihnen, ob
alles passt!« Wenn Ihre Einstellung stimmt, dann brauchen Sie nicht
den Kümmerer zu spielen. Sie sind einfach der Verkäufer, der für
seinen Kunden da ist, weil Sie es wollen!

Und wie kann ich im Erstgespräch einem potenziellen Kunden zeigen, wie wichtig mir meine Kunden und die Beziehung zu ihnen ist?
Antwort: Indem Sie sich selbst vorverkaufen: »Wir haben bei zwei
unserer Stammkunden in Ihrer Nähe angekündigt, dass Sie anrufen,
wenn Sie wollen. Ich gebe Ihnen mal die Telefonnummern.« Was
glauben Sie, was geschieht? Erstens: Ihr Gesprächspartner wird mit
größter Wahrscheinlichkeit nicht bei Ihren Stammkunden anrufen.
Aber allein, dass Ihre Beziehung zu diesen Stammkunden so gut ist,
dass Sie ganz gelassen auf deren Empfehlung vertrauen, allein das beeindruckt ihn. Zweitens: Ihr Gesprächspartner bekommt einen Vor-
geschmack auf Ihre hervorragende Kundenbetreuung. Er kann sich
selbst ein Bild davon machen, wie sehr Sie sich für ihn einsetzen
werden, wenn er Ihnen den Auftrag gibt. Drittens: Damit bekommt
Ihr Preis eine ganz andere Qualität, denn Ihr Gesprächspartner weiß
die Leistung, die Ihren Preis begründet, jetzt richtig einzuschätzen.

**Zeigen Sie Ihrem Kunden, wie gut er
bei Ihnen aufgehoben ist. Beeindrucken
Sie ihn mit Ihrem Engagement, denn
das ist keine Preisfrage.**

98. Wer Geschäfte macht, macht keine Geschenke

Der Preis steht. Weil du wie eine Eins hinter deinem Angebot, deinem Produkt, deinem Unternehmen stehst. Weil du als guter Verkäufer hinter deinem Preis stehst. Dein Preisstolz verbietet dir, deinem Kunden einen Preisnachlass ohne Gegenleistung anzubieten, denn dein Angebot ist seinen Preis wert. Das Preis-Leistungs-Verhältnis stimmt. Wenn du mit dem Preis runtergehst, gerät dieses Verhältnis ins Rutschen.

Daher gilt: Keine Leistung ohne Gegenleistung! Kommst du deinem Kunden entgegen, muss er dir ebenso entgegenkommen. Quid pro quo. Dies für das. Wie ich dir, so du mir. Gehst du stattdessen mit dem Preis runter, stellst du den Wert deines Angebots selbst infrage. Und deine Glaubwürdigkeit gleich mit dazu. Denn was denkt dein Kunde wohl, wenn du ihm seinen Nutzen überzeugend präsentierst, aber dann nicht an deinem erstgenannten Preis festhältst und ohne Not nachgibst?

Will Ihr Kunde einen Nachlass, dann machen Sie ihm ein neues Angebot mit einem neuen Preis. Denn es handelt sich um ein neues Geschäft, weil sich die Verhandlungsbasis geändert hat. Fragen Sie Ihren Kunden, worauf er verzichtet, damit Sie ihm ein neues Angebot zu einem neuen Preis vorlegen. Wenn er sich nicht entscheiden kann, geben Sie ihm Ideen. Gegenleistungen Ihres Kunden sind zum Beispiel:

- Selbstabholung und -montage
- kurze Zahlungsziele
- Übernahme der Transportversicherung
- größere Serviceintervalle
- Zahlung im Voraus

- Empfehlungen
- höhere Abnahmemengen
- längere Vertragslaufzeit
- Inanspruchnahme von Zusatz-
dienstleistungen

Ihr Produkt, Ihre Dienstleistungen, Ihre Zah-
lungs- und Lieferbedingungen bieten genug
Ansatzpunkte, um Ihrem Kunden ein attraktives
neues Angebot mit abgespecktem Leistungsportfolio zu machen. Ihr
erstes Angebot bleibt davon unabhängig bestehen – und der dazuge-
hörige Preis auch. Entschließt sich Ihr Kunde dann doch, den vollen
Leistungsumfang zu nutzen, greifen Sie einfach auf Ihr ursprüngli-
ches Angebot zurück – zum dazugehörigen Preis.

Die Maxime von Spitzenverkäufern für Preisgespräche lautet: Verzicht auf Nutzen – oder Preis akzeptieren! Wollen Sie einen einseiti-
gen Preisnachlass vermeiden, dann bringen Sie Ihren Kunden dazu,
auf Leistungsmerkmale zu verzichten!

 **Nachlässe ohne Gegenleistung zerstören das Vertrauen Ihres Kunden. Kleinerer Preis – kleinere Leistung. Machen Sie Geschäfte, keine Geschenke!**

99. Auch preisfixierte Kunden haben ihren Preis

Du kennst sie: die Kunden, die sich trotz überzeugender Angebotspräsentation, bestechender Nutzenargumentation und geschickter
Einwandbehandlung an den Preis klammern wie ein Schiffbrüchiger
an seinen Rettungsring. Zwischen Leistung und Preis liegt für sie eine
Schlucht so groß wie der Grand Canyon, allerdings stehen sie auf der
Preisseite und brauchen ein Fernglas, um die Leistung zu sehen. Sobald sie zum Preisgespräch übergehen, blenden sie alles andere aus.
Der Preis wird zum alleinigen Entscheidungskriterium dafür, ob sie
den Abschluss mit dir machen.

Spitzenverkäufer erkennen früh während eines Verkaufsgesprächs,
ob ihr Gesprächspartner ein Exemplar der Spezies preisfixierter Kunde ist, und stellen sich darauf ein. Im Preisgespräch selbst greifen Sie
dann zu rhetorischen Kniffen, um dem Preis die Härte zu nehmen.

Worte wie Kosten, Preis, berechnen oder Aufwand verursachen beim
preisfixierten Kunden Magendrücken. Verwenden Sie stattdessen
Formulierungen, die den Nutzen für Ihren Kunden betonen. Sagen
Sie statt »Die Arbeitsstunde kostet bei uns 84 Euro« lieber »Sie bekommen für 84 Euro pro Stunde unser ganzes Know-how«. »Bekommen« ist positiv besetzt, klingt rund und angenehm und demonstriert
Ihrem Kunden, was er gewinnt, nicht, was er verliert.

Sprechen Sie den Preis »weich« aus, indem Sie kleinere Preiseinhei-
ten nutzen: »Zwölfhundert« oder »einszwei« klingt kleiner und grif-
figer als »eintausendzweihundert«. In Verbindung mit nutzenorien-
tierten Formulierungen erreichen Sie, dass diese sprachliche Variante
noch stärker bei Ihrem Kunden wirkt: »Sie bekommen das Angebot
für einszwei.« Eine weitere Möglichkeit ist, dass Sie Ihren Preis nennen und den geringen Preisunterschied gegenüber dem Angebot eines

Wettbewerbers gleich hinterherschieben: »Sie bekommen das Angebot für einszwei, nur 100 über dem Preis von ... Dafür erhalten Sie diese Mehrleistungen: ...«

Bieten Sie Ihrem Kunden ein Preisspektrum an. Beginnen Sie mit dem höheren bzw. höchsten Preis und beenden Sie Ihren Satz mit der kleinsten Preiseinheit: »Herr Kunde, bei unseren Matratzen haben Sie eine große Auswahl an unterschiedlichen Schlafsystemen. Da gibt's Boxspringbetten mit allem Schlafkomfort, den Sie sich vorstellen können, für fünfzehnhundert Euro und Kaltschaummatratzen für weniger große Ansprüche für 200 Euro. Damit Sie erholsam schlafen und ausgeruht aufstehen – was erwarten Sie von einem guten Bett?«

Auch mit Mitteln der nonverbalen Kommunikation nehmen Sie Ihrem Kunden die Angst vor dem Preis. Nennen Sie den Preis mit fester und warmer Stimme und verbindlichem Tonfall. Schauen Sie Ihren Kunden dabei freundlich, mit einem dezenten Lächeln an. Behalten Sie auf jeden Fall den Blickkontakt. Nicken Sie leicht, während Sie ihm tief in die Augen schauen. Diese Botschaft kommt bei Ihrem Kunden an: »Ich bin von meinem Angebot und von meinem Preis überzeugt.« So motivieren Sie Ihren Kunden allein mithilfe Ihrer Stimme und Mimik, Ja zu Ihrem Angebot zu sagen.

Bei umfangreicheren Angeboten lassen Sie Ihren Gesprächspartner selbst Wirtschaftlichkeitsrechnungen anstellen. Beispiel: Sie bieten einen Paketpreis, der mehrere Leistungsbestandteile umfasst. Ihr Kunde kann anhand einer Liste mit den Preisen für die einzelnen Bestandteile selbst kalkulieren, was er insgesamt spart, wenn er Ihr Angebot akzeptiert. Wichtig: Lassen Sie Ihren Kunden tatsächlich selbst rechnen, sodass er seinen Preisvorteil schwarz auf weiß notiert. Deshalb bringen Sie niemals eine vorgefertigte Wirtschaftlichkeitsberechnung mit ins Verkaufsgespräch, denn Ihr Kunde wird sie immer anfechten.

100. Zu teuer heißt: noch zu teuer

»Zu teuer« gehört zu den klassischen Einwänden, die dir über alle Branchen hinweg begegnen, ob B2B oder B2C, in seinen ganzen unterschiedlichen Erscheinungsformen vom schüchternen »Das tut mir leid. So gern ich Ihr Angebot auch annehmen will, das kann ich mir nicht leisten« über das neutrale »Das ist nicht drin in meinem Budget« bis zum verärgerten »Der Preis ist völlig aus der Luft gegriffen«. So wie dein Kunde dir einen guten Tag wünscht, so sagt er irgendwann auch: »Sie sind zu teuer.« Das ist so sicher, wie dass die Erde um die Sonne kreist, dass du jedes Jahr deinen Geburtstag feierst, dass du dich als Verkäufer weiterentwickeln willst, weil du dieses Buch liest. Oder?

Es gibt also keine Entschuldigung, wenn Sie sich im Vorfeld eines Kundengesprächs nicht auf diesen Einwand vorbereitet haben, indem Sie sich treffende Gegenargumente überlegen, die Sie ihm passenden Moment gelassen servieren. Denn »zu teuer« bedeutet meist: Ihr Kunde hat noch nicht erfasst, welchen Nutzen er von Ihrem Angebot hat. Also ergänzen Sie seinen Einwand um das kleine Wörtchen »noch«: Das Produkt ist ihm noch zu teuer. Und dann liefern Sie ihm die Informationen, die ihm fehlen, hübsch verpackt in Nutzenargumentationen, die ihm die Leistungen verdeutlichen, die Ihren Preis im richtigen Licht erscheinen lassen:

- »Stimmt, wir sind teuer und gut. Gut, weil …«
- »Stimmt, wir haben ein gutes Preis-Leistungs-Verhältnis.«
- »Stimmt, wir sind für Sie wertvoll. Wertvoll, weil …«
- »Ja, wir haben hohe Preise, weil …«

Bewahren Sie auf jeden Fall einen kühlen Kopf und lassen Sie sich nicht dazu hinreißen, spontan mit einer Rechtfertigung zu reagieren.

Mauern Sie sich in Ihrer Verteidigungsposition ein, verhärten sich die Fronten und Sie setzen sich dem Verdacht aus, ein schlechtes Gewissen zu haben. Bleiben Sie deshalb ruhig und versuchen Sie, mit den richtigen Fragen herauszufinden, wo Ihrem Kunden der Schuh drückt, was genau ihm an Ihrem Angebot zu teuer ist. Auf diese Weise isolieren Sie die Gründe für seinen Einwand und entkräften sie wirkungsvoll. Und sprechen Sie nie isoliert über den Preis! Verbinden Sie ihn immer mit Ihrem Angebot!

LAW

100

Bei hartnäckigen Preisverweigerern hilft Ihnen noch ein anderer Kniff: Legen Sie den Anschaffungspreis auf die lange Lebensdauer Ihres Produkts um. So verkleinern Sie zum einen Ihren Preis – ohne auch nur einen Cent Nachlass zu geben. Zum anderen sieht Ihr Kunde, dass Ihr Produkt ihm lange erhalten bleibt und eine Investition ist, die weit in die Zukunft reicht.

»Ich will doch nicht Ihr ganzes Unternehmen kaufen!« Manche Kunden reagieren mit Hohn und beißender Ironie auf Ihren Preis. Meist steckt hinter solchen Bemerkungen der Ärger Ihres Kunden darüber, dass er Ihr Produkt zwar haben, aber Ihren Preis nicht zahlen will und/oder kann. Bleiben Sie cool und ignorieren Sie solche Attacken! Sonst werten Sie diese unqualifizierten Angriffe noch auf. Schauen Sie Ihren Kunden stattdessen zweifelnd an und finden Sie heraus, ob sein Vorwurf tatsächlich ernst gemeint ist.

 **Freuen Sie sich über den Zu-teuer-Einwand Ihres Kunden! Denn hätte er mit »Ich kaufe nichts« geantwortet, wäre Ihr Verkaufsgespräch zu Ende gewesen, bevor Sie überhaupt losgelegt hätten.**

101. Ohne Preisdruck kommt der Abschluss von allein

Natürlich setzt dich dein Kunde im Preisgespräch unter Druck. Sei es, weil ihm dein Preis tatsächlich zu hoch ist, sei es, weil er deine Standfestigkeit austesten will, sei es, weil er gern spielt, sei es, weil er (noch) nicht von deiner Leistung überzeugt ist, sei es, weil er selbst unter Druck steht, ein gutes Verhandlungsergebnis zu erzielen. Oder, oder, oder. Es gibt Tausende von Gründen, warum deine Kunden deinen Preis infrage stellen. So sehr es dich auch nervt: Das ist auch das gute Recht deiner Kunden. Und mal ganz ehrlich: Wenn du ein leidenschaftlicher Verkäufer bist, dann sind Preisverhandlungen doch das Salz in der Suppe von Verkaufsgesprächen. Denn dort kannst du dein ganzes verkäuferisches Know-how aufbieten, um vor deinen Kunden zu bestehen und deinen Preis durchzusetzen.

Betrachten Sie die Situation als Herausforderung. Zeigen Sie Verständnis für die Haltung Ihres Kunden und docken Sie an seine Kaufmotive an, die Sie schon zusammen mit dem Bedarf Ihres Kunden herausgearbeitet haben. Denken Sie daran: Jede Kaufentscheidung hat eine emotionale Basis, auch wenn Ihr Kunde überzeugt ist, dass rein rationale Gründe dafür den Ausschlag geben. Viele Kunden entscheiden sogar gern aus dem Bauch heraus, weil sie auf ihr Bauchgefühl vertrauen. Bearbeiten Sie Preiseinwände daher niemals mit rein rationalen Argumenten, sondern appellieren Sie an die Emotionen Ihres Kunden.

Beispiel: Auch wenn er technisch sehr interessiert ist, dann erschlagen Sie Ihren Kunden nicht mit Produktdetails Ihrer Maschine. Sagen Sie ihm stattdessen, dass Ihr Produkt »State of the Art« ist und Ihr Kunde damit zu dem kleinen, exklusiven Klub von Nutzern gehört, den »early adopters«.

Eine andere Taktik, um Ihren Kunden in seiner Verhandlungswut zu bremsen und ihm ein gutes Gefühl zu geben: Nutzen Sie dezente Lobformulierungen, am besten in Verbindung mit einem Nutzenargument. Zum Beispiel so: »Herr Kunde, an Ihrer konsequenten Verhandlungsweise kann ich erkennen: Sie sind fest davon überzeugt, hier ein Produkt zu bekommen, das für Ihren Zweck hervorragend geeignet ist. Sonst würden Sie ja nicht mehr mit mir sprechen!« Damit loben Sie nicht nur Ihren Kunden, sondern werten auch Ihr Produkt auf – und damit Ihr Angebot und Ihren Preis.

LAW

101

Oder loben Sie seine Branchenkenntnisse. Bestätigen Sie ihm, dass es sein gutes Recht ist – ja sogar seine Pflicht! –, sich auf dem Markt nach dem besten Preis-Leistungs-Verhältnis umzuschauen. Vorsicht: Dieses Lob geht nach hinten los, wenn Ihr Angebot keine Alleinstellung hat. Also recherchieren Sie im Vorfeld des Verkaufsgesprächs ganz genau, wie sich Ihre Wettbewerber aufgestellt haben. Sie wollen Ihren Kunden ja nicht zum Wettbewerber schicken.

Bestätigen Sie keinesfalls konkrete Preisforderungen Ihres Kunden. Damit öffnen Sie die Schleusen für die Rabattflut, in der Sie unweigerlich ersaufen. Nehmen Sie den Druck aus den Preisverhandlungen heraus, indem Sie immer wieder die Kaufmotive Ihres Kunden ansprechen. Damit forcieren Sie seine Kaufentscheidung mit positiven Emotionen und bringen das Verkaufsgespräch weg von der lästigen Preisdebatte hin zur Nutzenargumentation.

102. Der Wettbewerber ist kein Störfaktor

»Der Wettbewerber ist günstiger!« Wenn du nicht gerade ein blutiger Anfänger im Verkauf bist, kennst du diesen uralten Hut, der so vorhersehbar ist wie alle typischen Einwände, denen du immer wieder begegnest. Diese Preisdrückerstrategie verliert ihre Wirkung, wenn du deinen Markt und vor allem die Wettbewerber kennst und deine Hausaufgaben gemacht hast. Das heißt in diesem Fall, wenn du dich im Vorfeld des Gesprächstermins mit deinem Kunden noch einmal auf den neuesten Stand gebracht hast, was die Mitbewerber momentan an Produkten und Angeboten auf der Pfanne haben.

Ergibt Ihre Recherche, dass es wettbewerbsfähige Angebote auf dem Markt gibt, dann überraschen Sie Ihren Kunden mit einem offensiven Vorgehen, mit dem er nicht rechnet: Machen Sie ihm den Vorschlag, diese Angebote genauer unter die Lupe zu nehmen, um sie mit Ihrem eigenen zu vergleichen: »Herr Kunde, danke für Ihren Hinweis. Ich freue mich, wenn mich meine Kunden auf andere Angebote aufmerksam machen. Denn dann kann ich die Vorteile meines Angebots noch klarer herausstellen. Lassen Sie uns doch genauer anschauen, was die Wettbewerber anbieten.«

Effekt: Ihr Kunde ist erst einmal perplex, schließlich wollte er Sie in die Defensive drängen. Stattdessen fangen Sie den Angriff elegant ab und werten Ihr eigenes Angebot dabei noch enorm auf. Schließlich muss wirklich was an Ihrem Angebot dran sein, denkt Ihr Kunde: »Der Verkäufer ist von seinem Angebot wirklich überzeugt, wenn er mich auffordert, mich über den Wettbewerb zu informieren.«

Erschrecken Sie also nicht, wenn Ihr Kunde damit droht, zu einem Wettbewerber zu wechseln, dessen Angebot auf den ersten Blick günstiger erscheint. Zeigen Sie ihm stattdessen, dass Sie selbst neugierig darauf sind. Bieten Sie Ihrem Kunden zum Beispiel an, mit ihm zusammen herauszufinden, wie dieses günstigere Angebot zustande kommt.

Beachten Sie beim Vergleich mit Angeboten von Wettbewerbern: Liegt der Wettbewerberpreis tatsächlich unter dem Ihres Angebots, dann erklären Sie nicht Ihren Gesamtpreis, sondern immer nur die Differenz zwischen diesem und dem des Wettbewerbers. Dieser Differenzbetrag ist kleiner als Ihr Gesamtpreis, der dadurch für Ihren Kunden seine Wucht verliert. Heben Sie dabei immer die Vorteile Ihres Angebots gegenüber dem des Wettbewerbers hervor, wird es für Ihren Kunden unwiderstehlich attraktiv.

Lassen Sie sich nicht einschüchtern, wenn ein Kunde Ihnen Bange machen will. Den Versuch, Sie mit dem Wettbewerberpreis zu erpressen, kontern Sie gelassen, schließlich hat Ihr Kunde ehrliches Interesse an Ihnen und Ihrem Angebot. Würde er sonst mit Ihnen über den Preis verhandeln?

 **Stehen Sie zu Ihrem Preis und geben Sie Ihrem Kunden das starke Gefühl, dass er viel mehr dafür bei Ihnen bekommt als beim Wettbewerber.**

103. Der Abschluss ist die logische Folge eines guten Verkaufsgesprächs

Wie für alle Phasen eines Verkaufsgesprächs gilt auch beim Abschluss: Stimmt deine Einstellung, dann greifen auch deine Verkaufstechniken. Du hast deinen Kunden über Bedarfsanalyse, Angebotspräsentation, Einwandbehandlung und Preisgespräch bis zu diesem Punkt geführt. Seine Kaufmotive herausgefiltert, ihn mit Informationen gefüttert, seinen Nutzen ins Rampenlicht gestellt, deinen Preis überzeugend mit deiner Leistung begründet. Also?

Alles, was du bisher im Verkaufsgespräch gesagt und getan hast, läuft auf den Abschluss zu. Deshalb bist du doch bei deinem Kunden, richtig? Verkaufen ist verkaufen, oder? Der Abschluss ist nur die logische Konsequenz deiner intensiven Vorbereitung, deiner selbstbewussten Haltung und deiner professionellen Performance. Es gibt keinen Grund, die vorbereitende Abschlussfrage zu scheuen, deinem Kunden die Kaufentscheidung zu überlassen oder einen Rückzieher zu machen. Ganz im Gegenteil: Wenn du jetzt kneifst, kannst du deinen Kunden gleich zum Wettbewerber schicken!

Im Verkauf geht es nicht um Sieg oder Niederlage. Sie und Ihr Kunde, Sie sind Partner. Gemeinsam entwickeln Sie eine Lösung für seinen Bedarf und seine Bedürfnisse: Ihr Angebot. Vom Abschluss profitieren Sie beide. Also helfen Sie Ihrem Kunden, eine vernünftige Entscheidung zu treffen. Oder haben Sie Angst vor dem Erfolg?

Stellen Sie daher die vorbereitende Abschlussfrage ganz selbstverständlich, bleiben Sie dabei locker und entspannt. Kunden haben immer Zweifel, wenn sie vor dem Abschluss stehen, selbst wenn sie spüren, dass das Angebot das einzig wahre für sie ist. Ihr Kunde braucht daher jetzt die Sicherheit, dass er die richtige Entscheidung trifft. Ihr Job ist es in dieser Situation, seine Bedenken zu zerstreuen. Stellen Sie ihm noch einmal seinen Nutzen dar und inspirieren Sie seine Vorstellungskraft, indem Sie seine Kaufmotive noch einmal herausstellen. Und dann fordern Sie ihn zum Kauf auf! Denn Verkaufen heißt nichts anderes, als andere zu Taten zu bewegen.

LAW 103

In Ihrer Gelassenheit, in Ihrem selbstsicheren Auftreten spiegelt sich Ihre Überzeugung, dass Sie Ihrem Kunden nur das beste Angebot machen und dass Sie der beste Verkäufer sind, der ihm begegnen kann. Und deshalb werden Sie ihn nicht ohne Abschluss verlassen. Diese Haltung bedeutet nicht, dass Sie von Ihrem Kunden eine positive Entscheidung verlangen, sondern, dass Sie an Ihr Angebot glauben. Seien Sie hartnäckig: Machen Sie weiter, bis das Geschäft abgeschlossen ist.

Zeigen Sie nicht den nötigen Nachdruck, wird Ihr Kunde unsicher: »Glaubt mein Verkäufer nicht an sein Angebot?« Riskieren Sie nicht, dass Ihr Kunde im Nachhinein seinen Kauf bereut. Das heißt nicht, dass Sie Ihren Kunden ins Ziel schleifen wie ein Großwildjäger seine Beute an den Beinen zu seiner Ranch. So macht es der Hardseller alten Typs. Vielmehr nehmen Sie Ihren Kunden an die Hand und führen ihn über die Ziellinie. Und im Ziel jubeln Sie beide – Sie und Ihr Kunde.

104. Kunden wollen zum Abschluss geführt werden

Erfahrene Einkäufer und Entscheider setzen gern ein Pokerface auf, um Verkäufer im Unklaren zu lassen, ob sie den Auftrag vergeben oder nicht. Trotzdem gibt es einige untrügliche Zeichen, an denen Sie erkennen, dass Ihr Kunde schon über den Abschluss hinaus weiterdenkt:

- Er stellt Ihnen Fragen zur Abwicklung des Auftrags, nach Lieferzeiten und Serviceleistungen: Ob er Ihnen überhaupt den Auftrag gibt, ist für ihn offensichtlich schon beantwortet, geht es doch jetzt um das Wie, um die Umsetzung. Dasselbe gilt, wenn Ihr Kunde zum Beispiel laut darüber nachdenkt und fragt, wann Sie frühestens die Schulungen in seinem Haus durchführen werden.
- Formulierungen wie »Das kann ich mir gut vorstellen« beweisen: Ihr Kunde ist von Ihrem Angebot überzeugt, denn er sieht sich vor seinem inneren Auge schon als Nutzer Ihres Produkts.
- Ihr Gesprächspartner spricht die Vorteile Ihres konkreten Angebots und einer Zusammenarbeit selbst aus: Ihr Kunde nimmt Ihnen die Arbeit ab, den Mehrwert Ihres Produkts noch einmal zusammenzufassen. Stellen Sie in dieser Situation nicht die vorbereitende Abschlussfrage, brauchen Sie sich später nicht über die verpasste Gelegenheit zu beklagen.

Um seine positive Haltung zur Kaufentscheidung zu pushen, loben Sie Ihren Kunden zwischendurch. Bestätigen Sie ihm beispielsweise, dass er ein harter, aber fairer Verhandlungspartner ist. Oder dass Sie es prima finden, dass er konkrete Nutzenerwartungen an Ihr Angebot stellt, und dass Sie gern mehr kritisch prüfende Kunden wie ihn hätten. Aber sondern Sie keine Lippenbekenntnisse ab, die ganz offensichtlich nur dazu da sind, sein Ego zu streicheln. Ihr Lob wirkt nur dann überzeugend für Ihren Kunden, wenn es ehrlich gemeint ist. Bekommt er den Eindruck, Sie dreschen hohle Phrasen, büßen Sie ausgerechnet vor dem Abschluss an Glaubwürdigkeit ein. Denkbar schlechter Zeitpunkt, denn diesen Fauxpas bügeln Sie nicht mehr aus!

LAW

104

Schiebt Ihr Kunde in der Abschlussphase Einwände nach oder spüren Sie sein Zögern, Ja zu Ihrem Angebot zu sagen, messen Sie mit der sogenannten Kontrollfrage die Temperatur Ihres Kunden, soll heißen, wie weit Sie beide noch vom Abschluss entfernt sind: »Mal angenommen, Herr Kunde, wir werden auch diese Punkte zu Ihrer vollen Zufriedenheit klären, haben wir Sie dann hier und heute als neuen Kunden gewonnen?«

Beantworten Sie geduldig alle seine Fragen. Zeigen Sie Verständnis für seine Bedenken, aber machen Sie diese nicht zu Ihren eigenen. Verfolgen Sie stattdessen Ihr eigenes Ziel konsequent: »Herr Kunde, an Ihrer Stelle wäre ich auch vorsichtig … Wenn Sie jetzt an die Vorteile denken …«

Fassen Sie vor der vorbereitenden Abschlussfrage alle Vorteile für Ihren Kunden noch einmal zusammen. Mit der Plus-Minus-Methode stellen Sie den Vorteilen auch Nachteile gegenüber. Der Clou an der Sache: Selbstverständlich zählen Sie nicht die Nachteile auf, die Ihr Angebot haben könnte, sondern die Nachteile, die der Kunde hat, wenn er Ihr Angebot nicht wahrnimmt. Natürlich bekommen die Vorteile in dieser Pro-Kontra-Darstellung mehr Gewicht für Ihren Kunden. Auf diese Weise erleichtert er sich selbst die Kaufentscheidung.

Lassen Sie Ihren Kunden spüren, dass der Abschluss in der Luft liegt. Schauen Sie ihn erwartungsvoll an und halten Sie Blickkontakt. Stellen Sie die vorbereitende Abschlussfrage, wenn Ihr Kunde keine Fragen mehr hat.

Letztlich treffen Sie die Kaufentscheidung für den Kunden – aus der tiefsten Überzeugung heraus, ihm die beste Lösung zu verkaufen, die er bekommen kann. So geben Sie Ihrem Kunden das Gefühl, selbst die Entscheidung getroffen zu haben.

Nach dem Kauf
ist vor dem Kauf

105. Dein Kunde braucht Sicherheit – direkt nach dem Abschluss

Wenn Ihr Kunde den Auftrag unterzeichnet hat, bleiben Sie dran: Gratulieren Sie Ihrem Kunden mit einem festen Händedruck zu seinem Auftrag und lächeln Sie ihn dabei an. Lassen Sie sich deshalb Zeit beim Zusammenpacken. Ihre Gestik strahlt Ruhe, Gelassenheit und Sicherheit aus und signalisiert Ihrem Kunden: »Du hast mit mir einen zuverlässigen, engagierten Partner, bei dem du und dein Auftrag gut aufgehoben sind.« Versichern Sie ihm, stets für ihn persönlich da zu sein: »Herr Kunde, ich werde mich persönlich dafür einsetzen, dass Ihre Lieferung umgehend veranlasst wird.«

Wer nach dem Motto »Auftrag eingesackt – nix wie weg!« schnell das Weite sucht, lässt einen ratlosen Kunden zurück: Ist an dem Angebot irgendwas krumm, dass der Verkäufer so schnell abhaut? Kaufreue steigt in ihm auf. Bedauern darüber, dass er sich nicht doch noch ein anderes Angebot angesehen hat. Das verärgert ihn: Er hat wertvolle Zeit mit diesem Gespräch vergeudet. Und dann reift in ihm der Entschluss, den Auftrag zu stornieren.

Lassen Sie es nicht so weit kommen. Geben Sie Ihrem Kunden gerade jetzt die Sicherheit, dass alles so eintritt, wie Sie es ihm zugesagt haben. Dass er die absolut richtige Entscheidung getroffen hat. Kurz, dass alles gut wird. Sorgen Sie dafür, dass er schon direkt nach dem Abschluss seinen Nutzen aus der Zukunftsperspektive betrachtet: »Schon bald, wenn Sie feststellen, dass sich die Ausschussquote in Ihrer Produktion deutlich vermindert, spätestens dann werden Sie sich zu Ihrer Entscheidung für dieses System selbst beglückwünschen.«

Geben Sie Ihrem Kunden das gute Gefühl, für ihn da zu sein. Als Autoverkäufer zum Beispiel haben Sie bei Ihrem Kunden sofort ein Stein im Brett, wenn Sie ihm anbieten, für ihn erreichbar zu sein, wenn er im Autohaus sonst niemanden antrifft oder ihm keiner sofort weiterhelfen kann: »Herr Kunde, wenn wider Erwarten doch der Fall eintritt, dass Sie mit Ihrem neuen Wagen nicht zurechtkommen, dann scheuen Sie sich nicht, meine Privatnummer zu wählen!« Die Wahrscheinlichkeit, dass Ihr Kunde tatsächlich anruft, ist gleich null. Worauf Sie aber wetten können, ist, dass er von Ihrem persönlichen Engagement verdammt beeindruckt ist und er sich jetzt sicher fühlt wie ein Baby auf Mamas Schoß. Und dass er beim nächsten Grillfest garantiert von Ihnen erzählen wird.

LAW 105

Bereiten Sie das Gespräch schnell nach, am besten noch im Wagen. Denn jetzt ist Ihnen alles aus dem Gespräch noch präsent und Sie erinnern sich an wichtige Details, die Sie sich während des Gesprächs noch nicht notiert haben. Lassen Sie das Gespräch noch einmal Revue passieren und halten Sie alles fest, was Ihnen erinnerungswürdig erscheint: nicht nur die Auftragsfakten wie Liefertermine, Konditionen und Serviceleistungen. Sondern gerade auch Hintergrundwissen über das Unternehmen und natürlich über Ihren Kunden selbst, vor allem persönliche Dinge, die er vielleicht nur kurz gestreift hat. Nutzen Sie diese Informationen, um Ihren Kunden in Zukunft ganz individuell zu betreuen und ihn mit Ihrer Aufmerksamkeit zu überraschen.

Geben Sie Ihrem Kunden die Sicherheit, die er braucht – nach dem Auftrag noch mehr als vorher. Professionelle Kundenbetreuung beginnt direkt nach dem Handshake.

106. Der Abschluss ist der Beginn der Kundenbeziehung

Woran erkennst du unter anderem einen mittelmäßigen Verkäufer? Vor dem Abschluss ist seine Kontaktfrequenz so hoch wie die eines Footballspielers beim Eindringen in die gegnerische Zone. Danach: absolute Funkstille. Kein Anruf, keine Mail, nichts. Er ist für seinen Kunden wie vom Erdboden verschluckt. Kein Wunder, dass der sich im Stich gelassen fühlt.

Gerade Neukunden kannst du schnell enttäuschen. Beispiel: Bei der Bearbeitung eines Auftrags kommt es zu einer kleinen Abweichung gegenüber den Vereinbarungen, die du deinem Kunden zugesagt hast. Selbst wenn es sich um eine Abweichung ohne größere Konsequenzen handelt, nagt der Argwohn an deinem Kunden: War der Auftrag etwa doch ein Fehler? Kommt es zur Reklamation, kannst du dieses Misstrauen nur mit viel Geduld und Einsatz wieder einfangen, wenn überhaupt.

Topverkäufer wissen: Der Abschluss ist der Beginn der Kundenbeziehung, nicht ihr Ende. Damit sich bei deinem Kunden keine Kaufreue einstellt, musst du alles, was du ihm versprochen hast, auch halten. Den Auftrag hast du, aber der hat erst Bestand, wenn du das Vertrauen deines Kunden gewonnen hast.

Dass Sie Aufträge zügig und kundengerecht ausführen, ist Standard. Eine Besonderheit ist es hingegen, wenn Sie der Auftragsbestätigung immer ein persönliches Anschreiben beilegen, am besten ein paar mit dem Füller handgeschriebene Zeilen – eine kleine Aufmerksamkeit mit persönlicher Note und großer Wirkung. Im Einheitsbrei der Nullachtfünfzehn-Textbausteine Tausender austauschbarer Auftragsbestätigungen fällt das Ihrem Kunden wohltuend positiv auf. Machen Sie ihm diese Freude und zeigen Sie ihm damit, dass er Ihnen als Kunde wichtig ist – auch nach dem Abschluss.

Oder bieten Sie Ihrem Kunden konkrete Unterstützung beim Einsatz des Produkts an, zum Beispiel durch Servicetechniker Ihres Unternehmens. Überraschen Sie Neukunden, indem Sie einige Zeit nach der Lieferung ganz unerwartet bei ihnen anrufen und sich erkundigen, ob alles okay ist oder ob sie Wünsche haben. Stammkunden überraschen Sie, wenn Sie nach ihrer Zufriedenheit mit Ihrem Produkt und Ihrer Betreuung fragen. Das sind übrigens auch gute Gelegenheiten, um Zusatzverkäufe zu platzieren.

Die meisten Verkäufer vergessen, dass Kundenloyalität bares Geld ist. Einen bestehenden Kunden zu halten, ist immer günstiger, als einen neuen zu gewinnen. Mehr als zwei Drittel aller Unternehmen verlieren trotzdem alle fünf Jahre die Hälfte ihrer Kunden. Topverkäufer wissen: Kundenbindung funktioniert am besten direkt nach dem Kauf. Mit einem professionellen After-Sales-Service begeistern Sie Ihre Kunden. Und begeisterte Kunden sind nicht nur loyale Kunden, sondern auch die besten Empfehlungsgeber.

LAW

106

107. Fehler sind Chancen für die Kundenbindung

Auch guten Verkäufern unterlaufen Fehler bei der Bearbeitung von Aufträgen. Und auch, wenn Kunden immer anspruchsvoller werden und das, was noch vor 20 Jahren als Premium-Kundenbetreuung galt, heute Standard ist: nobody's perfect. Sei es, dass sich in Ihre Notizen ein Zahlendreher geschlichen hat, sei es, weil die Kollegen vom Vertrieb Ihre Vorgaben nicht richtig umgesetzt haben, sei es, weil es in der Produktion zu Verzögerungen kam und Sie den vereinbarten Liefertermin nicht halten. Wo gehobelt wird, fallen Späne. Wo Menschen arbeiten, passieren Fehler. Irren ist menschlich, nicht wahr?

Entscheidend ist auch im After-Sales-Service die Haltung, die die Topleute von unterdurchschnittlichen Verkäufern trennt. Letztere gehen in Deckung, wenn der Kunde reklamiert, stellen sich tot, suchen nach drittklassigen Entschuldigungen und zeigen mit dem Finger auf die Kollegen von der Produktion, von der Herstellung oder vom Service. Oder was auch immer ihnen noch für fade und unkollegiale Ausflüchte einfallen. Besonders dreist sind die Spezialisten, die ihre eigenen Versäumnisse als die ihrer Kunden verkaufen wollen, weil sie nicht den Allerwertesten in der Anzughose haben, ihren Fehler zuzugeben.

Topverkäufer hingegen wissen: Es gibt keine Entschuldigung. Fehler bleibt Fehler, wo auch immer er entstanden ist. Deshalb übernehmen sie bedingungslos die Verantwortung für Fehler, von denen ihre Kunden betroffen sind. Ja, auch wenn du auf viele der Prozesse bei der Auftragsabwicklung kaum oder wenig Einfluss hast, bist du der Verantwortliche, wenn etwas schiefläuft. Denn du bist das Gesicht des Unternehmens, dem dein Kunde vertraut, du bist sein Ansprechpartner, der ihm Zusagen gemacht hat, die nicht gehalten werden.

Der zweite wesentliche Unterschied zwischen erstklassigen und mittelmäßigen Verkäufern: Spitzenverkäufer betrachten Fehler nicht als peinliches Versagen, sondern als Chance, den Kunden durch professionelles Fehlermanagement für sich zu begeistern. So wird aus einem gefühlten Nachteil ein echter Vorteil.

LAW 107

Mit dem Fehlermanagement der ISCA-Methode machen Sie Fehler zwar nicht ungeschehen, aber wieder gut. Auf jeden Fall gehen Sie selbstbewusst damit um und zeigen Ihrem Kunden, dass die Fehlerbeseitigung für Sie absolute Priorität hat:

Idit it! – Ehrlich währt am längsten: Räumen Sie Ihren Fehler sofort und ohne Einschränkung ein!

Sorry – Bitten Sie aufrichtig um Entschuldigung. Keine Ausflüchte! Ihr Kunde will immer recht haben. Und er hat immer recht, denn er sitzt am längeren Hebel.

Correction – Bieten Sie Ihrem Kunden eine Lösung, mit der Sie den Fehler wieder bereinigen. Fragen Sie ihn, was er von der Lösung hält und ob er selbst noch Vorschläge oder Wünsche hat. Beziehen Sie Ihren Kunden in den Prozess ein, denn dann fühlt er sich ernst genommen und spürt, dass die Lösung für Sie eine Herzensangelegenheit ist, die Sie mit viel Engagement vorantreiben.

Analysis – Ist der Fehler letztlich aus der Welt geschafft, nehmen Sie sich Zeit, um zusammen mit den beteiligten Kollegen dank einer gründlichen Analyse die Voraussetzungen zu schaffen, dass dieser Fehler in Zukunft nicht mehr vorkommt.

Fehler sind unvermeidbar. Entscheidend ist, wie Sie damit umgehen. Stecken Sie nicht den Kopf in den Sand, sondern stellen Sie sich Ihrer Verantwortung und nutzen Sie die Situation, um aus Ihrem verärgerten einen begeisterten Kunden zu machen.

108. Reklamationen sind Chefsache

Reklamierende Kunden werden manchmal richtig eklig. Da lässt du als Verkäufer Riesenwellen an Wut, Ärger und Sarkasmus über dich ergehen, und im tiefen Wasser lauern schwer kontrollierbare Strömungen aus Unverständnis, Enttäuschung und Resignation. Auch wenn der Gemütszustand deines Kunden dies nicht unbedingt vermuten lässt, ist sein Anruf ein Hilferuf und hat das Potenzial, deinen Kunden für dich zu gewinnen bzw. noch stärker an dich zu binden.

Voraussetzung ist, dass du die Kundenreklamation professionell bearbeitest. Dazu gehört, dass du diese Reklamation zur Chefsache erklärst. Denn für deinen Kunden bist du der Chef. Vielleicht nicht deines Unternehmens, aber für alles, was dein Kunde an Produkten und Dienstleistungen bei deinem Unternehmen gekauft hat.

Zur professionellen Reklamationsbearbeitung gehören einige grundsätzliche Verhaltensregeln:

- Nehmen Sie jede Reklamation ernst, denn jede Reklamation hat aus Sicht Ihrer Kunden ihre Berechtigung – auch wenn Sie selbst zu dem Schluss kommen, dass sich Ihr Kunde geirrt hat.
- Seien Sie auch bei unberechtigten Reklamationen diplomatisch! Selbst wenn Ihr Kunde letztlich merkt, dass der Fehler bei ihm liegt, will er nicht sein Gesicht verlieren.
- Erledigen Sie jede unberechtigte Reklamation wie eine berechtigte! Je länger Sie warten, desto ungeduldiger wird Ihr Kunde, denn für ihn hat seine Reklamation absolute Priorität.
- Rechtfertigen Sie sich auf keinen Fall, wenn der Fehler bei Ihnen liegt. Entschuldigen Sie sich stattdessen aufrichtig!
- Kümmern Sie sich persönlich darum, dass die Reklamation sorgfältig im Sinne Ihres Kunden erledigt wird. Behalten Sie den Vor-

gang im Auge, schließlich haben Sie ja die Verantwortung dafür übernommen.

Seien Sie nicht nur Reklamationsmanager, sondern auch Kundenkümmerer: Überraschen Sie Ihren Kunden zwei Wochen nach der Reklamation mit einem Anruf: Ist alles in Ordnung? So gehen Sie sicher, dass die Bearbeitung tatsächlich zur Zufriedenheit Ihres Kunden abgeschlossen ist. Ihr Kunde freut sich über so viel Aufmerksamkeit. Nutzen Sie deshalb diese Gelegenheit, um Ihren Kunden nach einer Empfehlung zu fragen.

LAW

108

Nutzen Sie die großen Chancen zur Kundenbindung, die Reklamationen Ihnen bieten. Denn Qualität ist, wenn der Kunde zurückkommt und nicht das Produkt.

109. Gute Krisenkommunikation ist das A und O

Zur professionellen Reklamationsbearbeitung gehört eine geschickte Krisenkommunikation. Die Enttäuschung darüber, dass das neue Produkt nicht wie gewünscht funktioniert, das Fehlen eines Geräteteils, das nicht mitgeliefert wurde, die wertvolle Arbeitszeit, die verloren geht: Für Ihren Kunden stellt all das eine kleinere oder größere Krise dar, die er sofort überwinden will.

Deshalb strahlst du beim Anruf deines Kunden eine unerschütterliche Ruhe und Gelassenheit aus, die ihm signalisiert: »Bei mir bist du richtig. Ich kümmere mich darum. Wir bekommen das hin. Alles wird gut.« Das bedeutet, dass du den Ärger, den Hohn, die Verzweiflung deines Kunden wahrnimmst, aber darüber hinweghörst, um dein Ohr für den Grund seines Anrufs offenzuhalten. Reagierst du ähnlich emotional wie dein Kunde, ist dein analytisches Ohr zu. Dann gibst du deinem Kunden nicht die Unterstützung, die er jetzt braucht, sondern schießt mit Worten zurück. Dann bist du mittendrin im Kampf, den du ohnehin verlierst.

Hören Sie deshalb aktiv hin: Die ersten fünf Sekunden des Gesprächs entscheiden über den Verlauf des Telefonats. Versuchen Sie nicht, Ihren Kunden zu beruhigen. Er will jetzt nicht ausgebremst werden, sondern erst einmal seinen Frust loswerden. Lassen Sie ihn deshalb aussprechen, denn sonst beginnt er in seinem Ärger wieder von vorn. Das nervt ihn zusätzlich, und Sie erfahren nichts Neues, sondern verlieren nur kostbare Zeit. Unterbrechen Sie ihn also nicht, sondern ziehen Sie aus seinen ersten Bemerkungen bereits wichtige Fakten und machen sich dabei Notizen, um später gezielt nach den Gründen seiner Reklamation zu fragen.

Hat Ihr Kunde Dampf abgelassen, zeigen Sie Ihr Verständnis: »Herr Kunde, dass tut mir wirklich sehr leid, dass Sie so viel Ärger mit unserem Produkt haben. Ich verstehe Ihren Unmut absolut. Ich kann nachfühlen, dass Sie aufgebracht sind.« Damit sorgen Sie dafür, dass die emotionale Ebene zwischen Ihnen und dem Kunden ohne Irritationen und Konflikte ist. Jetzt ist der Weg frei für ein sachliches Gespräch – mit dem Ziel, zügig zu einer Lösung zu kommen, die Ihren Kunden besänftigt, zufriedenstellt und begeistert.

LAW 109

Stellen Sie offene Fragen, um den Grund für die Reklamation genau zu erfassen. Haken Sie nach, wenn Sie etwas nicht verstanden haben, und formulieren Sie den Sachverhalt noch einmal in Ihren eigenen Worten, damit Ihr Kunde sicher sein kann, dass Sie sein Anliegen erfasst haben. Damit zeigen Sie Ihrem Kunden, dass Ihnen sein Anliegen am Herzen liegt. So wird sein Ärger viel schneller verfliegen, denn er hat das Gefühl, in guten Händen zu sein.

Haben Sie alle wichtigen Informationen zusammen, erarbeiten Sie gemeinsam eine Lösung, die auch die Wünsche Ihres Kunden berücksichtigt. Wenn es sich anbietet, empfehlen Sie ihm Alternativen, unter denen er eine auswählen kann. Beteiligen sie ihn an der Verantwortung für die erfolgreiche Reklamationsbearbeitung, indem Sie gemeinsam die nächsten Schritte und den Zeitraum festlegen. Dann fühlt er sich verpflichtet, sich ebenso an Termine und Rückmeldungen zu halten. Aber Vorsicht: Versprechen Sie mit der Lösung, die Sie letztlich beschließen, nichts, was Sie nicht wirklich halten werden.

Bedanken Sie sich zuletzt bei Ihrem Kunden für das Feedback und die Chance, die Angelegenheit zu klären: »Herr Kunde, herzlichen Dank, dass Sie mir die Chance geben, Ihre Reklamation schnell und gründlich zu bearbeiten! Denn mit Ihrer Hilfe verbessern wir unseren Service. Davon profitieren auch andere unserer Kunden.«

Der sichere Abstieg ins Mittelmaß

110. Regeln für Nieten in Nadelstreifen

Woran erkennst du einen mittelmäßigen Vertriebsmitarbeiter? Er ist so pünktlich, dass du deine Uhr danach stellen kannst: Auf die Sekunde genau betritt er um 9 Uhr das Büro, mit dem Glockenschlag der Kirche nebenan um 17 Uhr lässt er den Bleistift fallen und ist so schnell verschwunden, dass du ihn nur noch von hinten siehst.

Kunden betrachtet er ausschließlich als Mittel zum Zweck, und sein Zweck ist: mittelmäßige Provisionen einstreichen. Kundenbeziehung? Wird nach seinem Verständnis von Vertriebsarbeit maßlos überbewertet. Für ihn sind Zahlen, Daten, Fakten maßgeblich. Wenn nur seine Zahlen stimmen würden …

Wenn etwas schiefläuft – und das kommt bei ihm regelmäßig vor –, dann sucht er die Schuld immer woanders: beim Unternehmen, beim Kunden, beim Verkaufsgebiet, beim Firmenwagen, beim stressigen Job, beim Chef, beim schlechten Wetter, beim mittelmäßigen Frühstück im Hotel, beim Navi, beim hohen Verkehrsaufkommen. Wenn er eher intellektuell angehaucht ist, dann macht er auch gern die Strukturen, das System und die Prozesse verantwortlich. Die Zweifel an allem und jedem um ihn herum sind so groß, dass in seinem Kopf gar kein Platz mehr ist für Selbstzweifel, Selbstverantwortung und Selbstmanagement.

Weiterbildungsmaßnahmen betrachtet er als lästige Pflicht und Zeitverschwendung. Berufliche Weiterentwicklung? Hat er nicht nötig, er kann doch schon alles, er ist mit allen Verkaufswässerchen gewaschen. Oder?

Er sieht sich nicht einfach als Verkäufer. Auf seiner Visitenkarte steht deshalb wahlweise Gebietsverkaufsdirektor, Unternehmensrepräsen-

tant, »Direct Sales Manager West«, Gene-
ralverkaufsleiter, »Head of Sales« oder ein
anderes mehr oder weniger einfallsrei-
ches Etikett.

LAW

110

Er wehrt sich sehr erfolgreich gegen sinn-
volles Feedback, gegen neue Ideen und Verkaufstechniken, gegen sinnvolle Tipps von Vorgesetzten oder Kollegen und gegen andere Dinge, die
ihn weiterbringen. Auf alles, was seine Komfortzone auch nur im
Geringsten einengt, reagiert er allergisch. Bitte keine Veränderung!

Wenn dieser Verkäufertypus ein erstrebenswertes Vorbild für dich ist,
hier ein paar enorm hilfreiche Regeln, mit denen du deinem Ideal
sehr nahekommst …

- Unterscheide dich nicht von anderen Verkäufern – das macht dich
  sympathisch …
- Setze dir keine Ziele, dann hast du auch keinen Verkaufsdruck …
- Rede deinem Kunden immer nach dem Mund – der weiß sowieso
  besser, was er sagen will …
- Umgib dich nur mit Kunden, die dich kennen, denn die tun
  nicht weh …
- Gib dich jedem Trend im Verkaufen hin und entwickle bloß
  keinen eigenen Stil …
- Geh immer alleine zum Mittagessen …
- Sei konsequent in deiner Unzuverlässigkeit – das schafft
  Vertrauen …
- Miss dich immer an deinen schwächsten Konkurrenten – das
  gibt dir ein gutes Gefühl …
- Lass den Kunden in seiner Kaufentscheidung allein – er wird sich
  schon melden, wenn er dir den Auftrag geben will …
- Vergiss alle Geburtstage, Jubiläen und Termine – Glückwünsche
  sind überflüssige Gefühlsduseleien …
- Akquiriere nicht, denn gute Kunden kommen von alleine …

111. Einmal Hausmeister, immer Hausmeister

Machen Sie es anders als die vielen mittelmäßigen Verkäufertypen, die für mittelmäßige Unternehmen mit mittelmäßigen Produkten arbeiten, mittelmäßige Kunden haben und mittelmäßige Provisionen bekommen. Unterscheiden Sie sich von den Verkäufern, deren Motto »Reinschleimen, Klappe aufreißen und am Ende klein beigeben« ist. Begegnen Sie Ihrem Kunden auf Augenhöhe, denn Sie sind ein respektierter Geschäftspartner, dem Ihr Kunde vertraut.

Seien Sie einfallsreicher als die Small-Talk-Einseifer, die ihren Kunden mit belanglosem Geplänkel die Zeit stehlen. Bringen Sie es auf den Punkt, kommen Sie zügig zur Sache, denn Ihr Kunde weiß: Sie sind Verkäufer, und Sie haben einen Termin vereinbart, weil Sie ihm etwas verkaufen wollen.

Machen Sie es besser als die Buchhaltertypen, für die das Ausfüllen, Abstempeln und Ablegen von Formularen für jeden Zweck den Höhepunkt Ihres Vertriebsjobs darstellen. Berichte und Kundendateien sind vielmehr dazu da, dass Sie Ihre Kundenbeziehungen pflegen und Ihr Angebot an den Mann/die Frau bringen.

Mutieren Sie nicht zum Prospektverteiler, der seinen Kunden mit Informationsmaterial zumüllt und ihn mit Angebotsschreiben aus Textbausteinen quält. Erfreuen Sie stattdessen Ihren Kunden mit einer individuellen Nutzenargumentation und einem auf seinen Bedarf und seine Bedürfnisse zugeschnittenen Angebot, bei dem er nicht Nein sagen kann. Ihre Devise ist: aktiv hinhören, die richtigen Fragen stellen, Kundenmotive herausarbeiten. Halten Sie den eignen Gesprächsanteil so niedrig, dass Sie aus der Bedarfsanalyse heraus das Angebot so präsentieren, dass der Kunde darin sofort die Lösung für sein Problem erkennt. Informieren Sie sich frühzeitig über einen

potenziellen Neukunden, legen Sie Ihre Gesprächsstrategie fest, überlegen Sie, wie
Ihre Angebotspräsentation aussieht und
wie Sie erwartbare Einwände souverän
kontern. Bleiben Sie standfest im Preisgespräch und führen Sie Ihren Kunden zum
Abschluss.

Seien Sie nicht einer von den Kumpeltypen, die ih-
ren Kunden gern schnell das Du anbieten, die professionelle Distanz
zu ihnen verlieren und dann teure Rabatte gewähren, weil sich Privates und Geschäftliches miteinander vermischen. Wenn Sie Kunden zu
Ihren Freunden und guten Bekannten zählen, dann gilt für Sie: gute
Freundschaft, strenge Rechnung.

Und vor allem: Unterscheiden Sie sich von den Jasagern, die ihren
Kunden alles recht machen. Der Kunde ist zwar König. Aber nur solange er sich wie ein König benimmt. Geben Sie nicht nach, insbesondere in der Einwandbehandlung und im Preisgespräch. Haben Sie
Ihre Verhandlungsposition klargestellt, dann rücken Sie nicht davon
ab und bleiben Sie bei den Bedingungen, unter denen ein Abschluss
ein gutes Geschäft ist – für Sie selbst und Ihren Kunden. Wenn Sie
einknicken und Ihr Kunde Sie einmal am Nasenring über die Koppel
führt, wird er es immer wieder tun. Dann schwappt die Rabattflut
über Sie hinweg und Sie verkaufen nur noch über den Preis, denn
den Respekt Ihres Kunden haben Sie verloren.

 **Einmal Hausmeister, immer Hausmeister.
Du kannst zwar zum Facility-Manager
aufsteigen, bleibst aber Hausmeister mit
Diplom.**

Anhang

Danke!

Wenn ich in all den Jahren als Verkäufer eins gelernt habe, dann das: Es geht nichts über ein ehrliches und von Herzen kommendes Danke. Ich bedanke mich bei meinen Kunden dafür, dass sie mir ihr Vertrauen schenken, für ihre Empfehlungen – und auch für ihre Reklamationen. Denn nur durch ehrliches Feedback konnte ich beständig an mir arbeiten und zu dem werden, der ich heute bin.

Ich bin sehr stolz auf dieses Buch, das Sie jetzt in Ihren Händen halten. Es ist definitiv eines meiner besten Bücher und enthält die Essenz der Erfahrungen, die ich in meiner inzwischen 30-jährigen Karriere sammeln durfte.

Ein großer Dank gilt meinem Freund und Kollegen Andreas Buhr, denn die erste Idee zu »Limbeck Laws« keimte in einem unserer vielen Gespräche auf. Ich wusste direkt, dass ich daraus etwas machen sollte. Danke für deine Inspiration! Ebenso möchte ich mich bei meinem Sparringspartner Patrick Grootveldt bedanken, der wieder eine unglaubliche Geduld an den Tag gelegt hat.

Noch jemand, der weiß, dass ich nicht immer einfach bin, sind natürlich meine Eltern und meine Liebste Andrea. Sie sind immer für mich da und stehen voll hinter mir, egal was ich auch anstelle. So auch bei der Entstehung dieses Buches. Danke, dass es euch gibt!

»Limbeck Laws« handelt von Regeln und Regelbrüchen. Jemand, der mich immer wieder neue Laws lehrt, ist definitiv mein Sohn Chris – für mich der beste Verkäufer der Welt. Und auch unser jüngstes Familienmitglied, unser Königspudel Ego, stellt tagtäglich alle Regeln auf den Kopf. Dafür liebe ich euch!

Ein großer Dank gilt außerdem meinen Prinzessinnen, die rund um PR, Social Media, Landing Pages und Orga einen hammermäßigen Job machen. Ihr seid super!

Und natürlich danke ich auch dem GABAL Verlag, insbesondere Ute Flockenhaus und André Jünger, für die tolle und intensive Zusammenarbeit und dafür, dass keine meiner Ideen zu verrückt sein konnte.

Auch von meinen Geschäftspartnern, Kunden und den Teilnehmern meiner Trainings, Vorträge und Coachings habe ich über die Jahre sehr viel lernen dürfen. Danke für euer Feedback, eure Geduld und eure Unterstützung. Ihr spornt mich immer wieder an, mein Bestes zu geben!

Martin Limbeck

Stichwortregister

Ablehnung 37, 66 f., 189, 196
Abschluss 17
Abschlussfrage 232, 235
After-Sales-Service 31, 241
Akquise 37, 188 f.
Anerkennung 40, 134
Antipathie 130
Augenhöhe 252
Authentizität 19, 38, 100

Bauchgefühl 228
Begeisterung 100
Begeisterungsfähigkeit 52, 54
Beratung 73, 76 f.
Blickkontakt 148

Disstress 41
Distanz 74, 128
Durchhaltevermögen 96
Durchsetzungskraft 175

Ehrgeiz 173
Ehrlichkeit 23, 125, 168
Eigenmotivation 52
Eigenverantwortung 174
Einsatzbereitschaft 34
Einwandbehandlung 35, 90 f., 160, 163, 190 f., 193 ff.
Empfehlungen 108, 110 f.

Empfehlungsmarketing 101
Erfolgsdruck 64
Eustress 41

Fachkompetenz 100
Fairness 168
Feedback 168
Fehlermanagement 242 f.
Fehlschläge 53
Fleiß 64
Freunde 53, 102, 108
Freundlichkeit 124
Freundschaft 128
Führungskraft 174 f.

Geduld 176
Gesprächseinstieg 88, 158
Gesprächsstrategie 93
Gier 17, 22, 60
Give-aways 134
Glaubwürdigkeit 19, 38, 61, 100

Halbwissen 156
Händedruck 126
Hartnäckigkeit 65, 96, 188
Hinhören 162
Höflichkeit 124
Humor 146

Der Autor

Foto: Philip Reichwein, Landshut

Speed, Action, Results – Geschwindigkeit und die richtigen Entscheidungen sind der Schlüssel zum Erfolg. Speed, Action, Results – das verkörpert Martin Limbeck wie kein anderer. Mit seiner Präsenz, seiner eindeutigen Positionierung, seinem direkten Sprachstil unterscheidet er sich eindeutig von vielen selbsternannten Vertriebsexperten am Markt. Martin Limbeck ist der Garant für ein gezieltes Tuning des Vertriebs und der Führungsebene. Nicht zuletzt durch sein Erfolgsbuch »Nicht gekauft hat er schon« genießt er als Vorbild absoluten Kultstatus für Verkäufer jeder Couleur. *»Er ist ein Star am Verkäuferhimmel«*, sagt der Chefredakteur von managementbuch.de. Und die Zeitschrift »managerSeminare« konstatiert: *»Limbeck verkauft. Er kann nicht anders. Es ist die Rolle seines Lebens.«*

Bestsellerautor Martin Limbeck ist in jeder Hinsicht eine Ausnahmepersönlichkeit: Er ist ein Typ mit Ecken und Kanten und einer der wenigen Top-Speaker, die wirklich leben, was sie lehren. Disziplin, Ehrgeiz, ein lebendiges Netzwerk und der absolute Wille zum Erfolg haben ihn dahin gebracht, wo er heute ist. Niemals Mainstream, immer klar in der Sache, dynamisch, offenherzig und schnörkellos begeistert und polarisiert er in seinen Büchern und Vorträgen.

Heute ist er einer der erfolgreichsten Verkaufsexperten Europas und Inhaber der »Martin Limbeck Training Group«. Als brillanter Top-Speaker begeistert er nicht nur auf deutschsprachigen Bühnen, sondern hat sich weltweit den Ruf erworben, ein authentischer und mitreißender Redner zu sein. Bis heute trat er in mehr als 20 Ländern auf; seine Bücher sind in mehrere Sprachen übersetzt. Martin Limbeck ist außerdem einer der aktivsten Trainer und Redner in den sozialen Netzwerken und beherrscht das Selbstmarketing wie kein anderer.

Auftritte als Talk-Gast bei »Menschen bei Maischberger« in der ARD, als Experte bei »Galileo« auf ProSieben und »Die große Reportage« bei RTL bezeugen Martin Limbecks Prominenz. Über 100 000 Fans auf Facebook, Twitter, Xing und LinkedIn sowie über 1 Million Views auf YouTube machen Martin Limbeck zum Social-Media-Phänomen und zu einem der reichweitenstärksten Top-Experten auf seinem Fachgebiet. Sein ausgewiesener Expertenstatus hat zu verschiedenen Lehraufträgen und universitären Engagements geführt.

Auch im Bereich Vertriebstraining ist Martin Limbeck stets auf der Höhe der Zeit. Sein jüngster Coup ist die »Martin Limbeck® Online Academy«, eine völlig neue Form des integrierten Lernens. Die Academy vereint eine innovative Software mit einer ausgezeichneten, zertifizierten Lernmethode, die auf dem Weiterbildungsmarkt ihresgleichen sucht.

Bei allem Erfolg ist Martin Limbeck mit beiden Beinen auf dem Boden geblieben. Seine Familie ist ihm heilig. Zum Abschalten bevorzugt er die Ruhe der Natur, die er beim Angeln, beim Laufen und bei langen Spaziergängen mit seinem Königspudel Ego genießt. Außerdem betreibt Martin Limbeck regelmäßig Fitness- und Boxtraining. Fußball begeistert ihn ebenso – als eingeschworener Fan von »Eintracht Frankfurt«.

Mehr Infos unter: www.martinlimbeck.de